GIOVANI GLAUCIO DE OLIVEIRA COSTA

Testes Não Paramétricos no SPSS:

UMA ABORDADEM PRÁTICA E INTERPRETATIVA

EDITORA CIÊNCIA MODERNA

Editor: Paulo André P. Marques
Produção Editorial: Dilene Sandes Pessanha
Capa: Daniel Jara
Diagramação: Daniel Jara
Copidesque: Vivian Sbravatti

FICHA CATALOGRAFICA

COSTA, Giovani Glaucio de Oliveira.

Testes Não Paramétricos no SPSS: uma abordagem prática e interpretativa

Rio de Janeiro: Editora Ciência Moderna Ltda., 2021.

1. Estatística matemática
I — Título

ISBN: 978-85-399-0973-5 CDD 519.5

Editora Ciência Moderna Ltda.
R. Alice Figueiredo, 46 – Riachuelo
Rio de Janeiro, RJ – Brasil CEP: 20.950-150
Tel: (21) 2201-6662/ Fax: (21) 2201-6896
E-MAIL: LCM@LCM.COM.BR
WWW.LCM.COM.BR **03/21**

Agradecimentos

À minha mãezinha querida, Oneida Barreto de Campos Costa; aos meus irmãos amigos e companheiros André Luiz de Oliveira Costa e Andréa Viviane de Oliveira Costa; à minha afilhadinha e sobrinha amada Juliana Paula Costa Lima e à Editora Ciência Moderna pela confiança que depositou em meu trabalho.

Prefácio

Para fazer alguma inferência sobre a vida profissional de uma pessoa, sempre é bom conhecermos sua origem. Dr. Giovani Gláucio de Oliveira Costa é um exemplo de profissional em sua área de atuação em que sua trajetória de vida profissional vai muito além do que podemos constatar em seu currículo, pois a formação do material humano vai além, muito além, da vivência nos bancos escolares. Oriundo do ensino médio da rede pública estadual do Rio de Janeiro buscou sempre a sua formação em centros de excelência e, desde ainda muito jovem, sempre soube não apenas identificar seu objetivo profissional, mas traçar os caminhos pelos quais deveria trilhar para dar a partida em busca deste, ingressou no Curso Técnico/Profissionalizante em Estatística da Escola Nacional de Ciências Estatísticas do IBGE. A partir daí, o autor deu prosseguimento, sempre com grande sucesso à sua formação acadêmica, durante a Graduação em Estatística na Universidade do Estado do Rio de Janeiro (UERJ), o Mestrado em Engenharia de Produção (Qualidade Total) na Universidade Federal Fluminense (UFF), o Doutorado em Engenharia Elétrica (Análise Multivariada) na Pontifícia Universidade Católica do Rio de Janeiro (PUC-RJ) e no seu Pós-Doutoramento em Sociologia (Análise Multivariada) pelo Instituto Universitário de Pesquisas do Rio de Janeiro (IUPERJ). Ao lançarmos este breve olhar sobre a sua formação acadêmica, é impossível não destacar a diversidade presente, o que se reflete em sua atuação profissional como pesquisador e, sobretudo, como educador na sua área de conhecimento. O leque de atuações que o Dr. Giovani tem em sua carteira de atividades, seja na área da educação, economia, social, estratégica, saúde etc. confere a este pesquisador um caráter peculiar e amplamente desejável para o pesquisador brasileiro, com elevada capacidade de utilizar sua formação para atuar em prol do desenvolvimento científico, mas sem esquecer-se de seu papel como cidadão e do retorno que, como aluno do ensino público brasileiro, há que se oferecer a nossa população.

A apresentação desta obra, além de nos brindar com um precioso trabalho de elevada qualidade técnica dentro da área da Estatística Não Paramétrica, traz a experiência acumulada pelo Dr. Giovani e reflete a diversidade sempre presente ao longo de sua, ainda tão jovem, trajetória de vida acadêmica, evidenciando sua preocupação e busca pela qualidade da educação e o desenvolvimento científico, tecnológico e social de nosso país. Que o leitor possa apreciar o conteúdo desta obra, sorvendo dela os testes não paramétricos e a brilhante experiência de vida que um exemplo de profissional de elevado nível nos oferece.

A cada página, permitam-se obter mais do que a técnica, muito além da teoria. Aproveitem a disponibilidade do Dr. Giovani em dividir conosco sua trajetória e todas as conquistas alcançadas com excelência e generosidade.

Jairo Pinheiro da Silva
Licenciado em Ciências- Biologia, UFRRJ, 1990
Mestre e Medicina Veterinária - Parasitologia Veterinária, UFRRJ, 1993
Doutor em Ciências -Biofísica, UFRJ, 2003
Pós-Doutorado Sênior, Biologia Celular e Tecidual, UENF, 2011
Cientista do Nosso Estado, FAPERJ
Pró-Reitor Adjunto de Pesquisa e Pós-Graduação, UFRRJ

Apresentação

Vinte e quatro anos depois de ter lecionado a disciplina de Métodos Não Paramétricos no Bacharelado em Estatística da Universidade Salgado de Oliveira no Rio de Janeiro, cidade de Niterói, no Bacharelado em Estatística, devo me dar por feliz por utilizar da experiência, do material didático, na época em material escrito lançado em quadro negro, e de vê-lo lançado agora em livro e com base em tecnologia avançada, com o uso do SPSS. E o assunto continua atual, uma vez que não há como entender alguém que tenha interesse em métodos quantitativos e desconheça o significado de testes não paramétricos.

Mas ainda há o que aprender. A popularização dos computadores fez com que os testes não paramétricos, antes discutidos apenas por estatísticos e de difícil operacionalização, passassem a fazer parte do vocabulário de pesquisadores acadêmicos e de negócios de diversas áreas. Quem lê artigos científicos das áreas de administração, marketing, economia, saúde e engenharias já ouviu falar em testes não paramétricos. Não basta, porém, que os pesquisadores e empresários tenham "ouvido falar" de métodos não paramétricos, mas é preciso que saibam desenvolver as suas técnicas, utilizar um *software* estatístico que os tenham implementado de maneira amigável, e, o que é mais importante, adquiram uma visão prática e interpretativa adequada sobre essa matéria, entendendo a sua lógica e tendo habilidade independente de usá-la com segurança em sua área do saber.

Esta obra utiliza para todas as suas análises o SPSS a partir do SPSS 15.00. O SPSS é o *software* de análise estatística mais utilizada porque, mais facilmente, disponibilizam-se múltiplas técnicas e métodos estatísticos de modo que facilmente se obtenham resultados estatísticos simples e avançados, com as devidas transformações de acordo com os pressupostos analíticos da técnica que pretende utilizar. Com o SPSS, selecionamos e aplicamos facilmente um procedimento estatístico e obtemos um resultado em questões de segundos.

À medida que a análise de dados ganha importância, é comum encontrarmos na mesma organização, instituição de pesquisa ou instituição de ensino superior, inúmeras bases de dados que precisam ser analisadas, desde a fase de planejamento até a distribuição dos resultados apurados e aplicação de técnicas estatísticas. Se ferramentas de cálculos estatísticos amigáveis eficientes para grandes espaços de análise não são utilizados ou conhecidos, fica uma subestimação muito grande de produção de conhecimento (desperdício de desenvolvimento da ciência) para tomadas de decisão e há, portanto, um grande vazio de produção de informação.

O SPSS é uma ferramenta modular e integrada que cobre todo o processo analítico. Ajudam o analista a mais rapidamente validar as suas hipóteses e escolher a técnica mais adequada para responder ao problema colocado.

Este livro é pioneiro na área de obras técnicas no Brasil. É original em publicação na área e também na forma de apresentar os conceitos e operacionalizá-los. Os conceitos são passados de forma objetiva, clara, concisa, didática e sem formalismos matemáticos e fórmulas. Cada técnica é definida, apresentada a sequência de passos para realizá-la no *software* estatístico SPSS e 21.00 (IBM) é apresentada e logo após há várias aplicações de casos reais, com soluções apresentadas em saídas diretas do programa. Os *outputs* do SPSS mais importantes de cada técnica são, então, comentados e interpretados. Desta forma, o autor espera focar o assunto na prática computacional das técnicas não paramétricas e no desenvolvimento da habilidade do leitor em interpretá-las.

Os métodos habitualmente utilizados para comparar duas ou mais populações exigem pressuposições a respeito das distribuições das variáveis em análise, como normalidade e homogeneidade de variáveis. Se as amostras são de tamanho moderado para grande, é conhecido o fato de os testes paramétricos darem resultados suficientemente precisos, mesmo ocorrendo violações dessas pressuposições. Por outro lado, também é conhecido o fato de esses métodos não se aplicarem às amostras pequenas que envolvem desvios consideráveis das pressuposições básicas. Por essa razão, foram desenvolvidos os testes não paramétricos.

Neste livro, foram apresentadas sete situações que admitem o uso de estatística não-paramétrica. Os testes de uma amostra (*Teste de Ajustamento do Qui-quadrado, Teste Binomial, Teste da Aleatoriedade de uma Amostra –Runs-, Teste de Ajustamento de Kolmogorov-Smirnov: K-S e Teste de Ajustamento de Shapiro-Wilk:S-W*).Os testes de duas amostras independentes (*Teste de Independência do Qui-quadrado, Odds Ratio ou Razão de Chances e Teste de Mann-Whitney*).Os testes para várias amostras independentes (*Teste de Kruskal-Wallis e Teste da Mediana*).Os testes de duas amostras emparelhadas (*Teste de Wicoxon, Testes de Sinais, Teste de MecNemar e Teste de Kappa*).Os testes para várias amostras emparelhadas (*Teste de Friedman, Teste de Kendall e Teste de Cochran*), técnicas de reamostragem (*Bootstrap*) e modelos não lineares (*regressão logística*).

O livro se inicia com os conceitos e tipos de testes não paramétricos, embasa o leitor com a noção de testes de significância e passa a discorrer em seus próximos capítulos sobre os mais importantes métodos não paramétricos utilizados em pesquisas científicas, sempre de modo leve, didático e com exemplos em várias áreas do saber.

A obra trata em seus capítulos de *1-Conceitos e Pressupostos dos Testes Não paramétricos,2-Conceito e Cálculo de Postos,3-Testes de Significância,4-Teste de Ajustamento do Qui-quadrado,5-Teste Binomial,6-Teste da Aleatoriedade de uma Amostra (Runs),7-Teste de Ajustamento de Kolmogorov-Smirnov (K-S),8-Teste de Ajustamento de Shapiro-Wilk (S-W),9-Teste de Independência do Qui-quadrado,10- Odds Ratio ou Razão de Chance,11-Teste de Mann-Whitney, 12-Teste de Kruskal-Wallis,13-Teste da Mediana,14-Teste de Wilcoxon,15-Testes de Sinais,16-Teste de MecNemar,17-Teste de Kappa,18-Teste de Friedman,19-Teste de Kendall,20-Teste de Cochran, 21-Bootstrap e 22-Regressão Logística.*

As bases de dados em SPSS utilizadas nas aplicações são disponibilizadas no site da editora e podem ser abertas no SPSS. Contudo, o conteúdo de *Bootstrap* só está disponibilizado no SPSS 21.0 da IBM, em português, e o utilizamos para rodar os resultados de suas aplicações.

As áreas e os cursos de aplicação deste livro são amplas e muito diversificadas em cursos que contenham métodos quantitativos de nível intermediário e avançados, mas podemos destacar a adoção deste compêndio em disciplinas de estatística aplicada dos cursos de Administração, Economia, Saúde, Engenharias, e também em programas de mestrado e doutorado de áreas análogas.

Aprofundamento teórico, detalhes matemáticos, e explicação dos algoritmos são informações que infelizmente não serão abordadas neste livro. O foco da obra é a explicação de como cada técnica funciona (teoria e procedimentos matemáticos básicos) e sua aplicação em estudos de casos em diversas áreas do saber usando o programa SPSS.

Gostaria muito de contar com a ajuda de todos os leitores, alunos e colegas para avaliação crítica positiva deste exemplar, de modo que possamos evoluir em qualidade, superando os erros e aperfeiçoando os acertos. Será muito gratificante para mim se meu livro tiver sido de alguma forma útil para o leitor, nem que tenha sido em somente uma página e/ou em somente um parágrafo, mas espero de verdade que ele seja relevante em todo o seu conteúdo. Obrigado a todos e boa leitura.

O autor.
giovaniglaucio@ufrrj.br
giovaniglaucio@hotmail.com

Sumário

Capítulo 4

Capítulo 5

Capítulo 1

Conceitos e Pressupostos dos Testes Não Paramétricos

1.1 Conceito

Testes não paramétricos são testes de hipóteses que não requerem pressupostos sobre a forma da distribuição subjacente aos dados. Constituem os métodos de *distribuição livre*, que não dependem de suposições extraídas dos dados fornecidos por uma distribuição de probabilidade

Utilizam-se os testes não paramétricos também quando as variáveis envolvidas são de natureza qualitativa. Tal como no caso dos testes paramétricos, há vários tipos de testes não paramétricos em função do número de amostras e de seu grau de dependência: os testes de uma amostra, os testes de duas amostras independentes, os testes para várias amostras independentes, os testes de duas amostras emparelhadas, os testes para várias amostras emparelhadas e técnicas emergentes de estatística não paramétrica (reamostragem-bootstrap) e regressão não lineares, como a regressão logística.

Hipóteses estatísticas geralmente dizem respeito ao comportamento de variáveis aleatórias observáveis por seus parâmetros.

Exemplo: Sejam as hipóteses:

(a) Que a distribuição normal tem uma média específica;
(b) Que a distribuição normal tem uma variância específica;
(c) Que uma distribuição de dados tem a forma da normal ou da binomial;
(d) Que duas distribuições contínuas têm a mesma distribuição de probabilidades.

É notável que nos exemplos (a) e (b) a distribuição subjacente às observações são de certa forma (normal) e a hipótese diz respeito inteiramente a valores de parâmetros. Essa hipótese é, portanto, chamada de «paramétrica».

A hipótese (c) foi de natureza diferente, pois nenhuns dos valores dos parâmetros foram especificados na afirmação das hipóteses; podemos chamar essas hipóteses de *"não paramétricas"*. A hipótese (d) também é *"não paramétrica"*, mas, além disso, não especifica a forma da distribuição, e por isso podemos nos referir como *"distribuição livre"*.

1.2 Classificação dos Testes Não Paramétricos

A literatura estatística utiliza comumente os seguintes testes *"não paramétricos"* para gerar estimativas e realizar testes de significâncias.

Os testes de uma amostra são:

- Teste de Ajustamento do Qui-quadrado
- Teste Binomial
- Teste da Aleatoriedade de uma Amostra (Runs)
- Teste de Ajustamento de Kolmogorov-Smirnov (K-S)
- Teste de Ajustamento de Shapiro-Wilk (S-W)

Os testes de duas amostras independentes são:

- Teste de Independência do Qui-quadrado
- Odds Ratio ou Razão de Chances
- Teste de Mann-Whitney

Os testes para várias amostras independentes são:

- Teste de Kruskal-Wallis
- Teste da Mediana

Os testes de duas amostras emparelhadas são:

- Teste de Wicoxon
- Testes de Sinais
- Teste de MecNemar
- Teste de Kappa

Os testes para várias amostras emparelhadas são:

- Teste de Friedman
- Teste de Kendall
- Teste de Cochran

Técnicas de Reamostragem:

- Bootstrap

Modelos Não Lineares:

- Regressão Logística

1.3 Pressuposições dos Testes Não Paramétricos

Nos métodos quantitativos, são muito usados o teste t de Student, a análise da variância e o teste de Tukey. Tais testes exigem, para sua aplicação, que a variável em análise seja quantitativa e as hipóteses sejam feitas sobre os parâmetros, daí o nome: testes paramétricos. Mas os testes paramétricos têm, ainda, outras exigências.

Por exemplo, o teste t, muito usado para a comparação de duas médias (parâmetros), exige pressupor que a variável em análise tenha distribuição normal ou, pelo menos, simétrica. O teste F, que se aplica nos casos em que é preciso comparar diversas médias (parâmetros), exige, além da pressuposição de que a variável tenha distribuição normal ou, pelo menos, simétrica, a pressuposição de homogeneidade de variâncias (homocedascidade). O teste de Tukey, usado nas comparações múltiplas (para comparar médias, duas a duas), tem as mesmas exigências dos anteriores.

Os testes paramétricos exigem também que o tipo de amostragem utilizada seja amostragem aleatória simples. Quando as pressuposições para proceder a um teste paramétrico são seriamente violadas aplica-se um teste não paramétrico. Esses testes não exigem que a variável em análise seja quantitativa nem a pressuposição a respeito da distribuição dessa variável.

Os testes não paramétricos são mais simples e de execução mais fácil do que seus equivalentes paramétricos.

O analista, porém não pode automaticamente, substituir um teste paramétrico por um não paramétrico, quando não se conhece se as suposições para o uso de testes paramétricos são satisfeitas ou porque são mais simples de execução ou porque se "pularia" uma etapa da análise, que é a de verificação das pressuposições. Os testes não paramétricos têm desvantagens muito sérias: testes não paramétricos têm níveis de potência menores, isto é, rejeitar a hipótese nula, quando ela deve ser realmente rejeitada.

Portanto, quando se usa um teste não paramétrico é porque as pressuposições para aplicação do equivalente paramétrico não são satisfeitas, consciente que se estará usando um teste de menor poder.

Acrescenta-se ainda que os testes paramétricos sejam bastante robustos, ou seja, pequenas transgressões às suposições exigidas não invalidam os resultados, principalmente se as amostras são de tamanho grande ou moderado. Nessas situações, então, a melhor opção ainda é um teste paramétrico, mais poderoso.

As estatísticas de alguns testes não paramétricos são calculadas com base não nos dados originais, mas em seus postos. Portanto, antes de aprender a fazer alguns testes não paramétricos é preciso aprender a obter os postos.

Conclusões

As técnicas da *Estatística Não Paramétrica* são, particularmente, adaptáveis aos dados das ciências de saúde, administração, marketing, economia, sociologia, engenharias, etc. A aplicação dessas técnicas não exige suposições quanto à distribuição da variável populacional, a não ser que a amostragem utilizada seja aleatória simples. Os testes não paramétricos são extremamente interessantes para análises de dados qualitativos. Na *Estatística Paramétrica*, para aplicação de testes como o "t" de Student, a variável em análise precisa ser numérica. Como o próprio nome sugere, a *Estatística Não Paramétrica* independe dos parâmetros populacionais e de suas respectivas estimativas. Assim, se a variável populacional analisada não segue uma distribuição normal e/ou as amostras forem pequenas, pode-se aplicar um teste *Não paramétrico.*

1.4 Vantagens dos Testes Não Paramétricos

1. Os métodos não paramétricos podem ser aplicados a uma ampla diversidade de situações, porque não exigem populações distribuídas normalmente.
2. Ao contrário dos métodos paramétricos, os métodos não paramétricos podem frequentemente ser aplicados a dados não numéricos.
3. Os métodos não paramétricos em geral envolvem cálculos mais simples do que seus correspondentes paramétricos, sendo, assim, mais fáceis de entender.

1.5 Desvantagens dos Testes Não Paramétricos

1. Os métodos não paramétricos tendem a perder informação, porque os dados numéricos são frequentemente reduzidos a uma forma qualitativa.
2. Os testes não paramétricos não são tão eficientes quanto os testes paramétricos; assim, com um teste não paramétrico, em geral, necessitamos de uma amostra maior ou maiores diferenças para então rejeitarmos uma hipótese nula.
3. Exigem que a amostragem utilizada seja amostragem aleatória simples.

1.6 Amostragem Complexa: Por que a Forma que se Seleciona Amostras Interfere nas Estimativas?

Muitos leitores e pesquisadores acadêmicos e de negócios desconhecem o porquê de os revisores de periódicos sempre exigirem detalhes da forma como os analistas selecionam participantes para os estudos. Se prestarmos a atenção, o próprio projeto de pesquisa exige a necessidade de especificar o processo de amostragem para dar validade à pesquisa.

Nos estudos observacionais, as amostragens complexas interferem diretamente nas estimativas dos estudos, com implicações em inferências paramétricas e não paramétricas. Nos estudos observacionais, as amostragens complexas interferem diretamente nas estimativas dos estudos, como riscos e prevalências/incidências populacionais.

Pesquisadores de métodos quantitativos indagam: o que são AMOSTRAS COMPLEXAS?

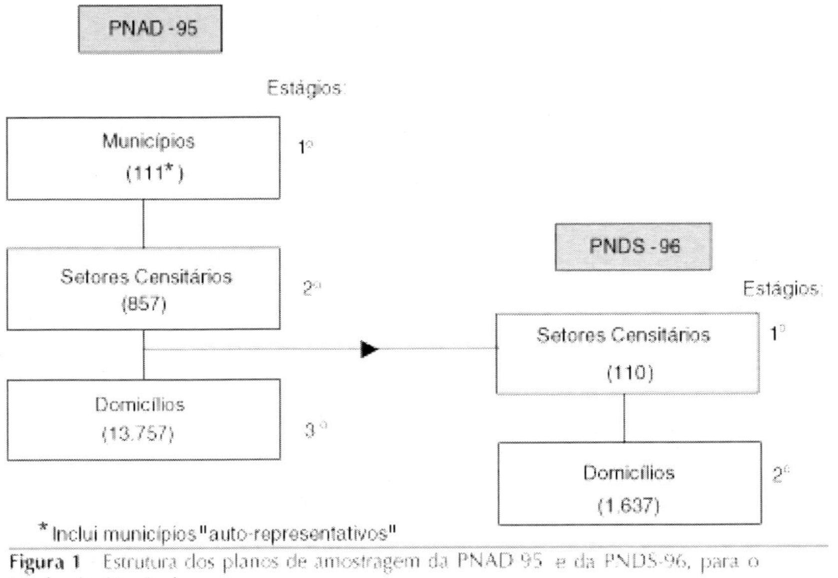

Figura 1 Estrutura dos planos de amostragem da PNAD 95 e da PNDS-96, para o Estado de São Paulo.

Bem, não é nada de mais. Quando trabalhamos com populações imensas, como pesquisas de perfil demográficos e sócioeconômicos populacionais, não conseguimos listar todos os componentes da população ou mesmo ter acesso a todos eles. Para tanto, estatísticos adotam a estratégia de selecionar inicialmente conjuntos de participantes: conglomerados e/ou estratos. Esses conjuntos são formas de fazer uma pré-seleção dos participantes, em que os conglomerados ou *clusters* são grupos de participantes com características bem variadas, mas apresentam semelhança entre si. ***Exemplo de cluster***: os bairros e setores censitários. Já os estratos são agrupamentos de participantes com grande semelhança entre si e uma variabilidade considerável entre os estratos. ***Exemplo de estratos***: faixa etária, gênero, renda e etc. Então, nas amostras complexas, o que existe é uma amostragem utilizando estágios com conglomerados e/ou estratos para em seguida realizar a seleção dos participantes. Como exemplo desse tipo, temos a ***Pesquisa Nacional por Amostragem de Domicílios (PNAD)***. Aqui, são selecionados setores censitários (*cluster: 1º estágio*) nas cidades brasileiras dentro de três faixas de renda (estratos) da população. As casas de cada setor censitário (*cluster: 2º estágio*) são selecionadas aleatória ou por sistemáticamente e os moradores aleatoriamente.

Estas formas de seleção são denominadas amostras complexas. Mas devem estar se perguntando: porque isso interfere nas estimativas? Isto acontece porque os testes de significância clássicos obedecem às premissas de seleção aleatória simples dos participantes. Ao ignorar que a amostragem não foi aleatória simples, podem-se incorrer em erros de superestimar estatísticas calculadas, como medidas como risco relativo, risco de prevalência e *odds ratio*. Portanto, pesquisadores atentos devem planejar o processo de amostragem previamente à ida ao campo e levar em consideração tal desenho amostral na análise dos dados. Esta é definição de amostragem complexa e o motivo de ela interferir nas estimativas.

1.7 Aplicações

Aplicação 1:

Responda às perguntas abaixo:

a. O que são métodos não paramétricos?
b. Qual a diferença de métodos paramétricos e não paramétricos?
c. Por que os métodos não paramétricos só devem ser utilizados quando os métodos paramétricos não puderem ser usados?
d. Quais são as principais vantagens dos métodos não paramétricos?
e. Quais as desvantagens dos métodos não paramétricos?
f. Quais são os tipos de métodos não paramétricos em função do número de amostras e do grau de dependência entre elas?

Solução:

Responda às perguntas abaixo:

a) O são que métodos não paramétricos?

Testes não paramétricos são testes de hipóteses que não requerem pressupostos sobre a forma da distribuição subjacente aos dados e também quando as variáveis envolvidas são de natureza qualitativa.

b) Qual a diferença de métodos paramétricos e não paramétricos?

Os testes paramétricos testam estimativas de parâmetros da estatística descritiva, dependem da distribuição por amostragem teórica dessas estimativas e do erro-padrão formal das distribuições amostrais. Já os testes não paramétricos não testam necessariamente parâmetros populacionais: testam se duas ou mais amostras provém de populações distintas, testam se um conjunto de dados se adere à determinada distribuição de probabilidade e podem testar parâmetros populacionais sim, mas sem ter que assumir uma distribuição por amostragem teórica para o parâmetro e sim uma distribuição empírica assumida pelos dados, bem como o seu erro-padrão.

c) Por que os métodos não paramétricos só devem ser utilizados quando os métodos paramétricos não puderem ser usados?

Os testes não paramétricos têm desvantagens muito sérias: os testes não paramétricos têm níveis de potência menores, isto é, rejeitar a hipótese nula, quando ela deve ser realmente rejeitada. Portanto, quando se usa um não paramétrico é porque as pressuposições para aplicação do equivalente paramétrico não estão satisfeitas, assim estará usando um teste de menor poder.

d) Quais são as principais vantagens dos métodos não paramétricos?

✓ *Os métodos não paramétricos podem ser aplicados a uma ampla diversidade de situações, porque não exigem populações distribuídas normalmente.*
✓ *Ao contrário dos métodos paramétricos, os métodos não paramétricos podem freqüentemente ser aplicados a dados não numéricos.*
✓ *Os métodos não paramétricos em geral envolvem cálculos mais simples do que seus correspondentes Paramétricos, sendo, assim, mais fáceis de entender.*

e) Quais as desvantagens dos métodos não paramétricos?

✓ *Os métodos não paramétricos tendem a perder informação, porque os dados numéricos são frequentemente reduzidos a uma forma qualitativa.*
✓ *Os testes não paramétricos não são tão eficientes quanto os testes paramétricos; assim, com um teste não paramétrico, em geral, necessitamos de uma amostra maior ou maiores diferenças para então rejeitarmos uma hipótese nula.*

f) Quais são os tipos de métodos não paramétricos em função do número de amostras e do grau de dependência entre elas?

✓ *testes de uma amostra*
✓ *testes de duas amostras independentes*
✓ *testes para várias amostras independentes*
✓ *testes de duas amostras emparelhadas*
✓ *testes para várias amostras emparelhadas*

Aplicação 2:

Correlacione as colunas:

(1) testes de uma amostra
(2) testes de duas amostras independentes
(3) testes para várias amostras independentes
(4) testes de duas amostras emparelhadas
(5) testes para várias amostras emparelhadas
(6) técnica de reamostragem

( ) Teste de Ajustamento de Kolmogorov-Smirnov (K-S)
( ) Teste de Kendall
( ) Odds Ratio ou Razão de Chances

( ) Teste de Kappa
( ) Teste de MecNemar
( ) Teste de Mann-Whitney
( ) Teste de Ajustamento de Shapiro-Wilk (S-W)
( ) Teste da Mediana
( ) Testes de Sinais
( ) Teste de Cochran
( ) Bootstrap
( ) Teste Binomial
( ) Teste de Wicoxon
( ) Teste da Aleatoriedade de uma Amostra (Runs)
( ) Teste de Friedman
( ) Teste de Independência do Qui-quadrado
( ) Teste de Ajustamento do Qui-quadrado
( ) Teste de Kruskal-Wallis

Solução:

Correlacione as colunas:

(1) testes de uma amostra
(2) testes de duas amostras independentes
(3) testes para várias amostras independentes
(4) testes de duas amostras emparelhadas
(5) testes para várias amostras emparelhadas
(6) técnica de reamostragem

(1) Teste de Ajustamento de Kolmogorov-Smirnov (K-S)
(5) Teste de Kendall
(2) Odds Ratio ou Razão de Chances
(4) Teste de Kappa
(4) Teste de MecNemar
(2) Teste de Mann-Whitney
(1) Teste de Ajustamento de Shapiro-Wilk (S-W)
(3) Teste da Mediana
(4) Testes de Sinais
(5) Teste de Cochran
(6) Bootstrap
(1) Teste Binomial
(4) Teste de Wicoxon
(1) Teste da Aleatoriedade de uma Amostra (Runs)
(5) Teste de Friedman
(2) Teste de Independência do Qui-quadrado
(1) Teste de Ajustamento do Qui-quadrado
(3) Teste de Kruskal-Wallis

Aplicação 3:

De cada problema abaixo correlacione (1) Teste Paramétrico e (2) Teste Não paramétrico

( ) testar se uma amostra de tamanhos de árvores segue o modelo normal.
( ) testar se uma estimativa de média de salários de uma amostra de funcionário é significante.
( ) testar se existe diferença entre a média de salário dos homens e das mulheres em uma empresa.
( ) testar se a variável satisfação (satisfeito ou não satisfeito) se correlaciona com a variável fidelização (fidelizado e não fidelizado).
( ) testar se a proporção de cotistas numa universidade é de 5%.
( ) testar se satisfeitos ou não satisfeitos antes e depois de uma estratégia de marketing agressiva são iguais.
( ) testar a hipótese que homens fumam mais que as mulheres.
( ) testar a hipótese de que a variância populacional segue um valor específico.
( ) testar a associação de desenvolvimento de H1N1 (desenvolveu ou não desenvolveu) e hábito de higiene (higiênico e não higiênico).
( ) testar concordância a de vários consumidores avaliando, por classificações, simultaneamente, vários serviços.

Solução:

De cada problema abaixo correlacione (1) Teste Paramétrico e (2) Teste Não paramétrico

(2) testar se uma amostra de tamanhos de árvores segue o modelo normal.
(1) testar se uma estimativa de média de salários de uma amostra de funcionário é significante.
(1) testar se existe diferença entra a média de salário dos homens e das mulheres em uma empresa.
(2) testar se a variável satisfação (satisfeito ou não satisfeito) se correlaciona com a variável fidelização (fidelizado e não fidelizado).
(1) testar se a proporção de cotistas numa universidade é de 5%.
(2) testar se satisfeitos ou não satisfeitos antes e depois de uma estratégia de marketing agressiva são iguais.
(2) testar a hipótese que mulheres compram mais que os homens.
(1) testar a hipótese de que a variância populacional segue um valor específico.
(2) testar a associação de desenvolvimento de H1N1 (desenvolveu ou não desenvolveu) e hábito de higiene (higiênico e não higiênico).
(2) testar concordância a de vários consumidores avaliando, por classificações, simultaneamente, vários serviços.

Capítulo 2

Conceito e Cálculo de Postos

2.1 Conceito

É a transformação de variáveis quantitativas em variáveis ordinais pela indicação de sua posição ou posto quando sequenciadas em ordem crescente, isto é, obtido o seu rol.

Portanto, para se obter os postos colocam-se os dados em ordem crescente. Repita os valores iguais e atribua, a cada dado observado, um número de ordem. Esse número é o posto.

Se coletar uma amostra de tamanho n, terá que atribuir n postos. Se encontrar valores iguais, considere que houve "empate" e atribua, aos valores iguais, a média de postos que seriam ocupados por esses dados caso não sejam iguais.

Quando a variável é contínua (peso, por exemplo), fica mais fácil atribuir postos porque os dados são, em sua grande maioria, diferentes. Quando a variável é discreta (como número de filhos), ocorrem muitos "empates". Mas a solução apresentada aqui para "empates" é satisfatória, a menos que mais de um terço dos dados esteja envolvido em tais empates.

2.2 Sequência de Passos no SPSS para o Cálculo de Postos

Para calcular os postos de uma amostra aleatória basta seguir a sequência abaixo no SPSS 15.0:

1)TRANSFORME
2)RANK CASES
3)SELECIONE A VARIÁVEL A SEREM CALCULADOS OS POSTOS
4) OK

2.3 Aplicações

Aplicação 1:

Seja o conjunto de dados abaixo, que representa índices do ibope na grande São Paulo de um programa de TV em 8 semanas seguidas (dois meses):

3; 5; 5; 9; 10; 11; 12; 16

Solução:

Clicar em TRANSFORM:

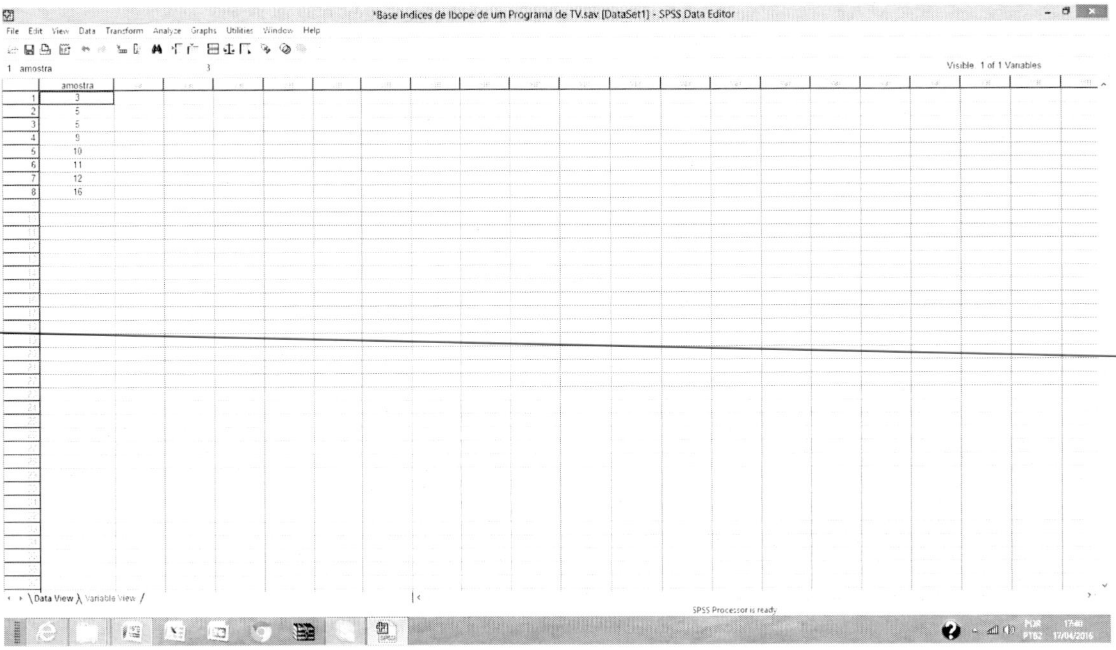

Clicar RANK CASES

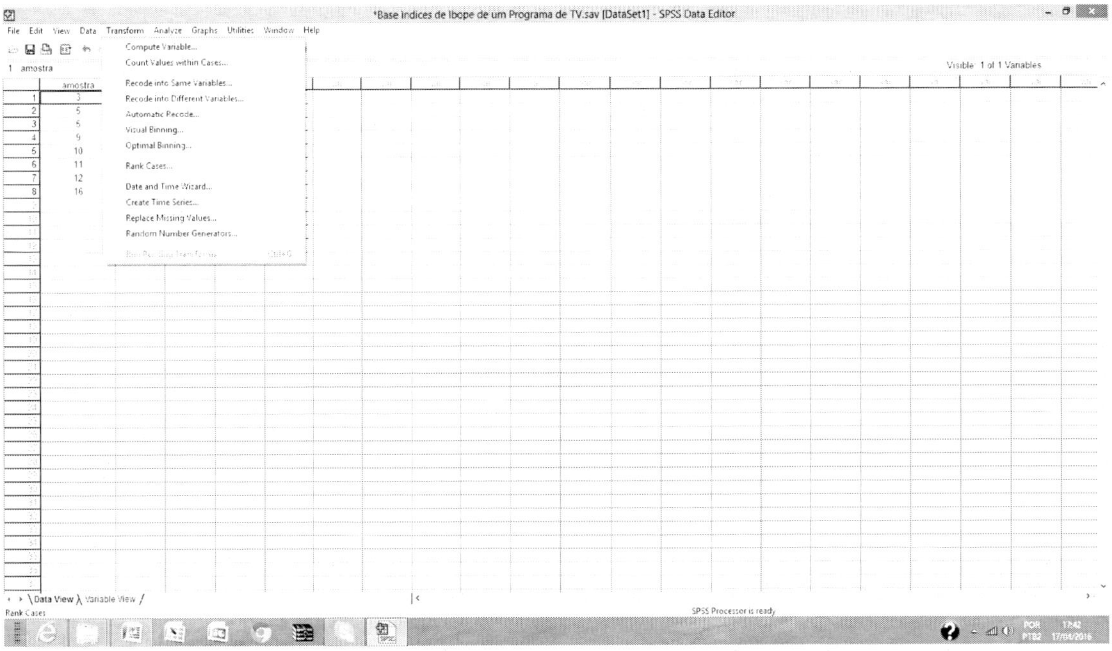

SELECIONAR A VARIÁVEL A SE RANKEADA

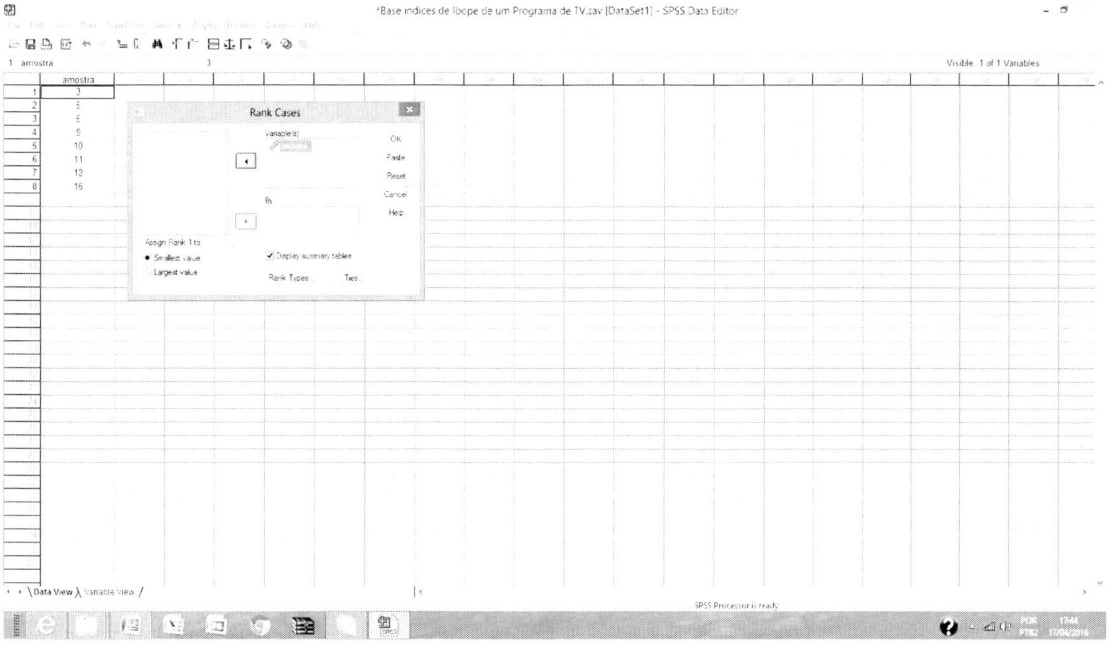

OK

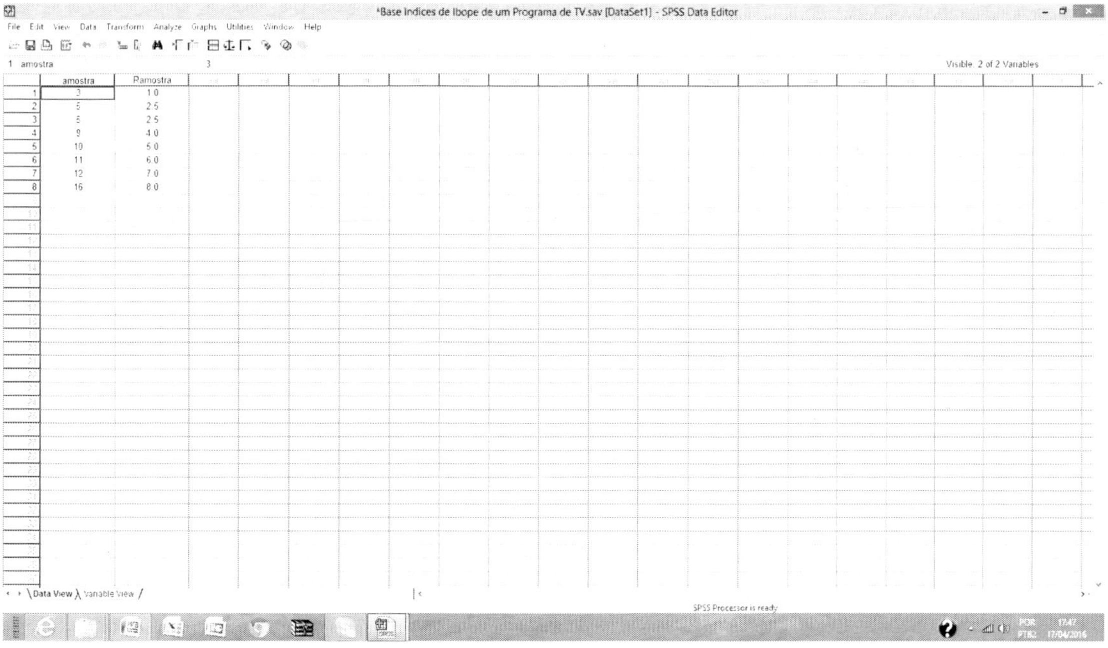

Resultado:

1; 2,5; 2,5; 4; 5; 6; 7; 8

Aplicação 2:

Um concurso para professor substituto do departamento de matemática de uma universidade teve dez candidatos (Candidato A ao Candidato J). A seleção tem três vagas. As notas médias das etapas do concurso obtidas pelos candidatos se encontram na tabela abaixo. A seleção será baseada nos maiores postos.Qual a classificação ou postos dos candidatos? Quem foram os classificados para o cargo?

Base Notas Médias das Etapas do Concurso Obtidas pelos Candidatos a Professor Substituto do Departamento de uma Universidade

Candidato	Notas Médias
A	4
B	5
C	5
D	3
E	3
F	6
G	10
H	6
I	5
J	5

Solução:

Candidato	Notas Médias	Postos
A	4	3.0
B	5	5.5
C	5	5.5
D	3	1.5
E	3	1.5
F	6	8.5
G	10	10.0
H	6	8.5
I	5	5.5
J	5	5.5

Os classificados para o cargo foram os candidatos G, F e H.

Aplicação 3:

A prova para uma disciplina do vestibular de uma universidade terá 20 questões. Estas 20 questões foram elaboradas por diferentes professores contratados. Um professor especialista foi incumbido de dar uma nota de 1 a 10 ao grau de dificuldade das questões elaboradas pelos colegas e as notas constam abaixo. As questões serão ordenadas na versão final da prova por dificuldade de solução. Qual ordem deve ter a prova em sua versão final para o vestibular da faculdade?

Base Questões Elaboradas para a Prova de uma Disciplina Do Vestibular de uma Universidade por Graus de Dificuldade

Questões Elaboradas	Graus de Dificuldade
A	3.00
B	2.00
C	8.50
D	6.50
E	10.00
F	9.75
G	7.75
H	3.30
I	1.50
J	7.00
K	6.00
L	3.75
M	8.00
N	9.50
O	5.00
P	1.00
Q	4.50
R	7.50
S	4.00
T	9.00

Solução:

Questões Elaboradas	Graus de Dificuldade	Postos
A	3.00	4
B	2.00	3
C	8.50	16
D	6.50	11
E	10.00	20
F	9.75	19
G	7.75	14
H	3.30	5
I	1.50	2
J	7.00	12
K	6.00	10

L	3.75	6
M	8.00	15
N	9.50	18
O	5.00	9
P	1.00	1
Q	4.50	8
R	7.50	13
S	4.00	7
T	9.00	17

A ordem das questões na versão final fica

Questões Elaboradas	Graus de Dificuldade	Versão Final da Prova
P	1	1
I	1.5	2
B	2	3
A	3	4
H	3.3	5
L	3.75	6
S	4	7
Q	4.5	8
O	5	9
K	6	10
D	6.5	11
J	7	12
R	7.5	13
G	7.75	14
M	8	15
C	8.5	16
T	9	17
N	9.5	18
F	9.75	19
E	10	20

Capítulo 3

Testes de Significância

3.1 Teste de Significância

É a parte mais importante de um processo inferencial. Todo estudo com levantamento por amostragem que mereça crédito deve realizar testes de significância de estimativas geradas.

Teste de significância é uma prova estatística que testa se uma estatística amostral é uma estimativa de qualidade, isto é, significante, do parâmetro populacional de interesse, refletindo uma nova realidade para o valor descritivo populacional, contrariando uma hipótese para o parâmetro, tradicional, formulado como hipótese básica.

Exemplo

"Um pesquisador educacional desconfia que a satisfação média dos alunos de uma faculdade com os professores não é mais 3,0, numa escala de 0 a 5. Ele selecionou uma amostra aleatoriamente do cadastro da escola de 10.000 alunos, na qual calculou a média de satisfação que resultou em 3,2, com desvio padrão 10. O pesquisador suspeita, então, que o nível médio de satisfação possa ter aumentado. Ele atribui o possível aumento no nível médio de satisfação a uma nova estratégia didática moderna, orientada aos professores. Para confirmar suas suspeitas, ele realiza um teste de significância do resultado 3,2 de satisfação".

3.2 Raciocínio de Testes de Significância

- *A estimativa fornecida pela amostra apoia a hipótese formulada ou realmente confirma uma nova direção para o parâmetro?*
- *Suponha, para raciocinar, que uma afirmação ou hipótese sobre um parâmetro seja verdadeira.*
- *O que podemos dizer acerca de uma estimativa amostral que a contraria?*
- *Suponha, em oposição, que uma afirmação ou hipótese sobre um parâmetro seja falsa.*
- *O que podemos dizer acerca de uma estimativa amostral que a contraria?*

3.3 Formas de Apresentar as Hipóteses

Quando o pesquisador realiza uma prova estatística, inicialmente formula 2 hipóteses:

H_0: *hipótese nula ou hipótese básica, que será aceita ou rejeitada.*
H_1: *hipótese alternativa, que será automaticamente aceita caso H_0 seja rejeitada.*

Exemplo:

$H_0 : \theta = \theta_0$
$H_1 : \theta \neq \theta_0$

$\theta \rightarrow$ parâmetro populacional desconhecido (μ,θ,π)
$\theta_0 \rightarrow$ *um valor atribuído a* θ *por hipótese. Também é chamado simplesmente de hipótese nula.*

É fundamental compreender que o estudo da teoria das probabilidades e a eficiente formulação correta dos valores das hipóteses são componentes cruciais para um resultado coerente da aplicação. Caso as hipóteses não sejam assumidas de forma correta, ou se cometam erros em relação a suas atribuições ou estatísticas relacionadas, também será incorreto o resultado do teste e sua informação será incoerente com o problema estudado.

3.4 Conclusões Possíveis sobre a Hipótese Nula

Como foi referido, em um teste de significância tenta se provar a falsidade da hipótese nula, uma vez que temos uma estimativa que geralmente a contraria. Assim, apenas duas decisões podem ser tomadas:

- *Aceitar a hipótese nula;*
- *Rejeitar a hipótese nula.*

Saliente-se que aceitar a hipótese nula significa apenas que não se conseguiu, pelos dados disponíveis, demonstrarem a sua falsidade, o que difere completamente de provar a sua veracidade.

Fazendo uma analogia com os processos judiciais, a hipótese nula é que o réu é inocente. Durante o julgamento tenta-se provar a falsidade desta hipótese, ou seja, que o réu é culpado. Mas no caso de não se conseguir provar a culpa, isso não significa que o réu seja inocente; significa apenas que não foram encontradas provas suficientes. É completamente diferente, portanto, de rigorosamente formular uma teoria que o parâmetro populacional segue por lei o comportamento geral do valor da hipótese nula θ_0.

O fato de *aceitar* a hipótese nula e não confiar plenamente neste resultado, tem a ver com os erros que podem ser cometidos ao aceitar ou rejeitar a hipótese básica.

Para situações nas quais não é possível rejeitar a hipótese nula, o procedimento pode ser repetido com diferentes valores para o nível de significância, a fim de dar maior precisão para a decisão fornecida pelas técnicas de teste de significância utilizadas.

3.5 Conceito de Estimativa Significante e Não Significante

Na prática, a hipótese alternativa é formulada com base na evidência da estimativa obtida junto à amostra, ou seja, no geral, a informação amostral parece, inicialmente, apoiar a hipótese alternativa. Caso a hipótese nula seja aceita, isto implica que o resultado encontrado na amostra em particular é fruto de erro amostral, ou em termos técnicos, é **não significante**. Caso a hipótese nula seja rejeitada, isto implica na confirmação do apoio da informação amostral à hipótese alternativa e se diz que o resultado encontrado na amostra é **significante**.

Portanto, em geral se realiza um teste de significância se o resultado amostral contraria a hipótese nula. Os testes de significâncias são realizados para se comprovar se a oposição à hipótese nula é fruto de erro amostral ou é uma nova realidade que se apresenta para a tendência para o parâmetro.

Tipos de Testes de Significância

1ª)Teste Bilateral

$H_0 : \theta = \theta_0$
$H_1 : \theta \neq \theta_0$

Exemplo:

$H_0 : \mu = 1200$
$H_1 : \mu \neq 1200$

2ª)Teste Unilateral à Direita

$H_0 : \theta = \theta_0$
$H_1 : \theta > \theta_0$

Exemplo:

$H_0 : \mu = 1200$
$H_1 : \mu > 1200$

3ª)Teste Unilateral à Esquerda

$H_0 : \theta = \theta_0$
$H_1 : \theta < \theta_0$

Exemplo:

$H_0 : \mu = 1200$
$H_1 : \mu < 1200$

3.6 Conceito de Estimativa Significante

- *Significante em linguagem estatística não significa **"importante"**;*
- *Significante quer dizer simplesmente "não provável" de ocorrer apenas ao acaso, não é fruto de erro amostral;O valor da estimativa não é fruto de erro amostral, corresponde a uma estimativa de "**qualidade**" do parâmetro populacional;*
- *O nível de significância torna mais exato o "**não provável**";*
- *Significância no nível 0,01 é frequentemente enunciado pela afirmação: "**os resultados foram significantes (p< 0,01)**";*
- *O valor-p é mais informativo do que uma afirmação de significância (probabilidade de erro de estimação), porque foi calculado e é fruto da observação empírica. Já o nível de significância é arbitrado pelo pesquisador;*
- *Por exemplo: um resultado com valor-p=0,03 é significante no nível α=0,05, mas não é significante no nível de α=0,01.*

3.7 Técnicas de se Realizar Testes de Significância

Para testar significância existem as alternativas do **intervalo confiança** e do **valor-p**. Atualmente os testes de significância pelo valor-p (sig.) e pelo intervalo de confiança são os mais usuais na área da pesquisa estatística. Neste livro, utilizaremos os testes de significância pelo valor-p (Sig.).

3.8 Conceito de Valor-p (Sig.)

O valor-p é o menor nível de significância que conduza à rejeição da hipótese nula H_0, com os dados fornecidos. É o grau de confiança que a informação amostral dá à hipótese formulada. É uma medida de credibilidade de H_0.

É o valor da probabilidade de ser possível uma estimativa pontual, obtida de uma amostra aleatória, ter sido selecionada de uma população com valor igual ao da hipótese nula.

Basta calcular a probabilidade condicionada: *Dado um valor de uma hipótese nula, qual a chance de uma estimativa colhida ter provindo de uma população com parâmetro igual a ela ?*

Como os cálculos dos valores-p (Sigs.) são geralmente calculados com base em distribuições de probabilidades contínuas, não existe probabilidade num ponto e o Sig. seria sempre igual à zero.

Então, o Sig. será calculado em termos de probabilidade acumulada:

É a probabilidade de estimativa obtida junto à amostra ser tão grande (≥) ou tão pequena (≤) quanto o valor que foi observado, considerando o valor da hipótese nula verdadeiro.

Se for possível ou impossível ser igual ter provido daquela população, também será possível ou impossível uma estimativa maior ou menor ter sido gerada de uma população igual ao valor hipotético.

Portanto,

- *Podemos comparar o valor-p com um valor fixo que consideramos decisivo;*
- *Este valor decisivo do valor-p é o nível de significância (α);*
- *Se o valor-p é igual ou menor do que α, dizemos que a estimativa é significante no nível de α;*
- *Até este limite, o valor-p pode ser considerado como "**pequeno**", indicando baixa credibilidade da hipótese nula.*

3.9 Teorema Central do Limite

A aplicação mais surpreendente da distribuição normal é o ***Teorema Central do Limite***. Esse teorema estabelece que não importe qual tipo de distribuição uma população possa ter, desde que o tamanho da amostra seja de pelo menos 30, a distribuição das médias das amostras será normal. Se a população, por ela mesma for normal, a distribuição de médias das amostras será normal, não importando o tamanho da amostra.

Exemplo:

A população das taxas de evasão anuais em escolas é dada abaixo:

1, 3, 3, 5

Temos que:

$\mu = 3\%$
$\sigma^2 = 2$
$\sigma = \sqrt{2}\ \%$

As = 0, distribuição simétrica, valores populacionais normalmente distribuídos.

Onde:

μ = média populacional
σ^2 = variância populacional
σ = desvio padrão populacional

Histograma das Taxas de Evasão Populacionais

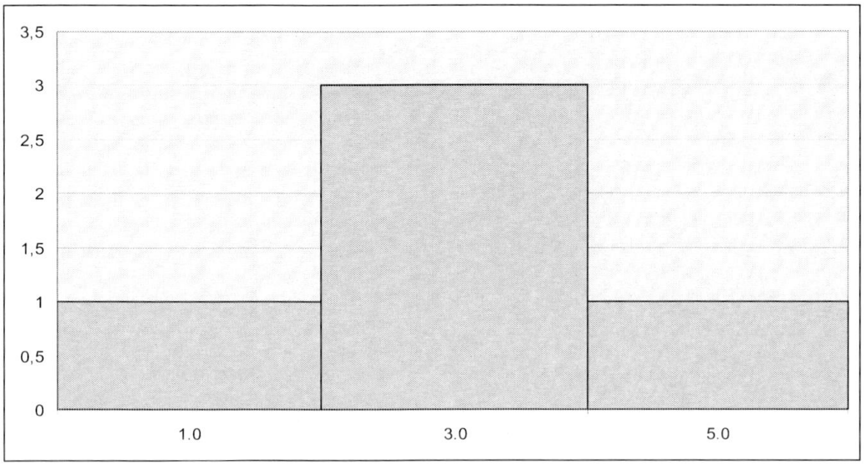

Conclusão:

As taxas de evasão na população de escolas são normalmente distribuídas com média 3% e desvio padrão √2%.

Pelo ***Teorema Central do Limite***, então, a distribuição de estimativas da média populacional terá também distribuição normal.

Vamos obter todas as amostras de tamanho 2, com reposição, desta população, calcular a média de cada amostra, calcular a média das médias e o desvio padrão das médias, verificar a relação regular que possa existir entre estas estatísticas e os parâmetros populacionais e por fim mostrar a validade do ***Teorema Central do Limite***.

Todas as Amostras Possíveis

(1,1)	(3,1)	(3,1)	(5,1)
(1,3)	(3,3)	(3,3)	(5,3)
(1,3)	(3,3)	(3,3)	(5,3)
(1,5)	(3,5)	(3,5)	(5,5)

Distribuição de Médias de Todas as Amostras Possíveis: (Distribuição por Amostragem da Média)

1	2	2	3
2	3	3	4
2	3	3	4
3	4	4	5

Cálculo da Média e do Desvio Padrão da Distribuição por Amostragem da Média

Médias Amostrais $\overline{X}$	**Frequências** (F_i)	$\overline{X}_i F_i$	$\overline{X}_i^2 F_i$
1	1	1	1
2	4	8	16
3	6	18	54
4	4	16	64
5	1	5	25
Total	**16**	**48**	**160**

$$E(\overline{X}) = \frac{48}{16} = 3\%$$

$$V(\overline{X}) = \frac{160 - \frac{(48)^2}{16}}{16} = 1$$

$$S(\overline{X}) = 1\%$$

Destes resultados podemos tirar as seguintes regularidades,

$$E(\overline{X}) = \mu = 3\%$$

$$V(\overline{X}) = \frac{\sigma^2}{n} = \frac{2}{2} = 1$$

logo:

$$S(\overline{X}) = \frac{\sigma^2}{\sqrt{n}} = \frac{\sqrt{2}}{\sqrt{2}} = 1\%$$

Esta estatística é denominada **erro padrão da média** e designada por $\sigma_{média}$, isto é, no geral, o valor da média populacional μ se diferirá das estimativas geradas (média amostrais) de mais ou menos o valor do erro padrão.

Histograma da Distribuição por Amostragem das Médias

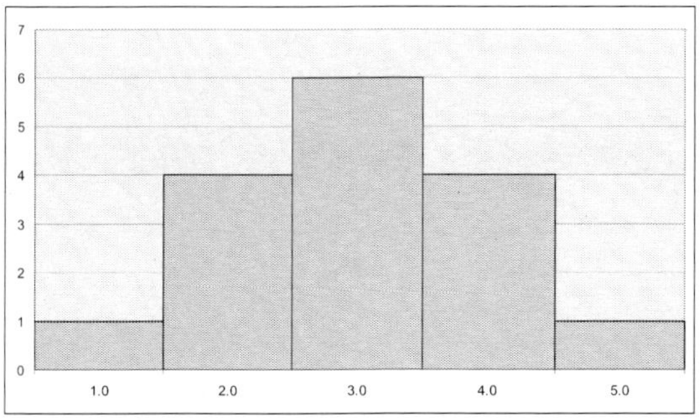

Conclusão:

Como previu o ***Teorema Central do Limite***, a distribuição de estimativas da média populacional, distribuição por amostragem da média, segue a distribuição normal, uma vez que a população de valores em que foram geradas também tinha a forma gaussiana.

Portanto, da distribuição por amostragem da média podemos tirar a seguinte relação:

$$\overline{X} \sim N(\mu, \sigma^2/n)$$

A distribuição por amostragem de estimativas é essencial para a teoria da inferência estatística. A relação acima, por exemplo, forma a base para a construção de intervalos de confiança e realização de testes de significâncias que serão expostos nas próximas seções deste capítulo.

3.10 Graus de Liberdade (Φ)

Os graus de liberdade (Φ) são a quantidade de informação que seus dados fornecem que você pode "gastar" para estimar os valores de parâmetros populacionais desconhecidos e calcular a variabilidade dessas estimativas. Esse valor é determinado pela diferença entre o tamanho de sua amostra e o número de parâmetros da população a serem estimados, além do parâmetro inerente ao estudo.

Os graus de liberdade nos dão uma medida de quão restritos estão os dados para alcançar certo nível de informação e previsão.

Se o grau de liberdade é pequeno, a previsão resultante pode ser menos generalizável porque parte das informações foram gastas na estimação dos parâmetros incluídos no modelo. Do mesmo modo, um valor alto do número de grau de liberdade indica que a previsão e generalização é bastante precisa, no sentido de ser representativa da população uma vez que poucas informações da variação total foram utilizadas para estimar parâmetros, sobrando muitas informações disponíveis para inferência estatística, o que nos leva à conclusão que quanto mais parcimoniosos forem os modelos, mais permitem inferências confiáveis.

Pode ser visto também como o nível ou o grau com que um espaço de análise tem de incerteza ou de casual. A liberdade se refere ao quanto livre a estimativa tem de assumir qualquer valor ao se manifestar ou o quanto é casual a sua ocorrência.

Toda estatística de teste que dependa de uma variável aleatória, além da inerente ao modelo, tem graus de liberdade associada.

Matematicamente, podemos dizer que o número de graus de liberdade é igual ao número de elementos da amostra (n) menos o número (K) de parâmetros da população a serem estimados, além do parâmetro inerente ao estudo:

$$\Phi = n - K$$

Aumentar seu tamanho amostral fornece mais informações sobre a população e, desta forma, aumenta os graus de liberdade em seus dados. Adicionar parâmetros ao seu modelo [acrescentar a estimação do parâmetro populacional σ pela estatística amostra S)] "gasta" informações dos seus dados com a estimação deste novo parâmetro, e reduz os graus de liberdade disponíveis para estimar a variabilidade de t.

O presente estudo visa naturalmente estimar a média populacional μ, através da média da amostra. Porém, para estimarmos μ, tivemos que adicionalmente estimar também σ^2, por intermédio de S^2. Isto significa que a estatística "t" tem n – 1 grau de liberdade, para estimar a variabilidade de t. Portanto, a t-Student tem:

$$\Phi = n - 1$$

Para cada valor de Φ temos uma curva diferente de "t" e quando $n \rightarrow \infty$ tende a "Z".

3.11 Densidades Assumidas pela t-Student

A função densidade da distribuição t de Student tem a mesma forma em sino da distribuição Normal, mas reflete a maior variabilidade (com curvas mais alargadas) que é de se esperar em amostras pequenas.

Quanto maior o grau de liberdade, mais a distribuição t de Student se aproxima da distribuição Normal. Abaixo temos um gráfico da função densidade de um t de Student com 10 graus de liberdade.

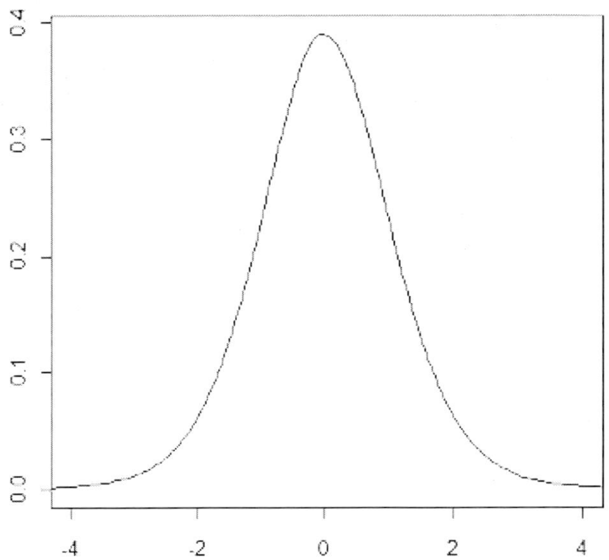

3.12 Comparação da t-Student com a Normal Padrão (Z)

Vemos que uma distribuição t genérica é mais achatada e alongada que a normal reduzida (Z). Quanto maior o valor de Φ, mais elevada é a curva. A curva t é simétrica com relação à média μ.

Resumindo, a distribuição t é, portanto, uma distribuição de probabilidade teórica. É simétrica, em forma de sino, unimodal e semelhante à curva normal padrão, porém com caudas mais largas, ou seja, uma simulação da t de Student pode gerar valores mais extremos que uma simulação da normal. O único parâmetro Φ que a define e caracteriza a sua forma é o número de *graus de liberdade*. Quanto maior for esse parâmetro, mais próxima da normal ela será.

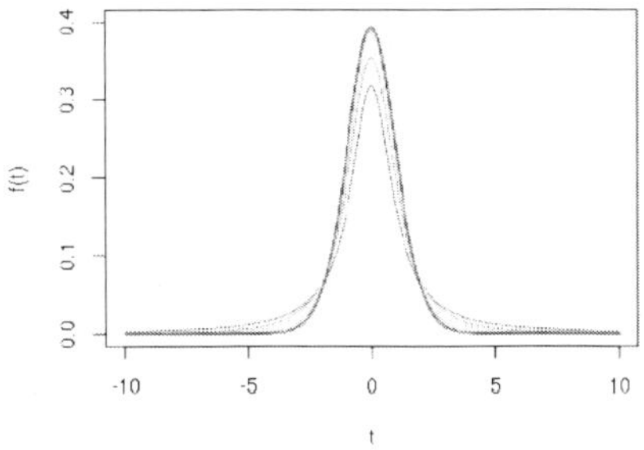

$$f(t) = \frac{\Gamma[(n+1)/2]}{\sqrt{n\pi}\,\Gamma(n/2)}\left(1+\frac{t^2}{n}\right)^{-(n+1)/2}, \quad t \in \mathbb{R}$$

3.13 Sequência de Passos para Teste de Significância t para a Média Amostral Utilizando o Valor-p

1. ANALYZE
2. COMPARE MEANS
3. ONE-SAMPLE T TEST
4. Em TEST VARIABLE, indicar a variável a ser testada. Em TEST VALUE, indicar o valor hipotético da média populacional.
5. OPTIONS. Em CONFIDENCE INTERVAL, definam o nível de confiança do teste. O default é de 95%®CONTINUE
6. OK

3.14 Aplicações

Aplicação 1:

Um pesquisador tem interesse em comparar dois tipos de progênies, referentes ao volume de madeira por árvore. Foram obtidos de uma amostra de 18 plantas de cada progênie. Realize para cada tipo de progênies o teste de significância das estimativas das médias dos volumes (em m^3x104) populacionais, com um nível de confiança de 95%. Utilize um valor hipotético para a média de cada volume do tipo de progênie igual a μ_{01} e μ_{02} respectivamente 190 e 250.

Base Tipos de Progênies para Teste t Univariado

Árvore	Progênies	
	1	2
1	55	124
2	96	230
3	212	108
4	289	111
5	140	46
6	142	111
7	218	146

8	162	138
9	106	194
10	124	236
11	119	214
12	155	116
13	105	218
14	38	207
15	124	63
16	119	146
17	59	212
18	58	192

Solução:

Teste de Significância da média amostral do Tipo 1 de Progênie:

Tabela 1
Estatísticas Descritivas da Variável Testada

One-Sample Statistics

	N	Mean	Std. Deviation	Std. Error Mean
Volume da madeira	18	128.94	63.527	14.973

A estimativa parece distante do valor da média populacional de teste. O teste de significância verificará se esta distância é real ou fruto do acaso.

Tabela 2
Teste t da Significância da Média Amostral

One-Sample Test

	Test Value = 190					
					95% Confidence Interval of the Difference	
	t	df	Sig. (2-tailed)	Mean Difference	Lower	Upper
Volume da madeira	-4.078	17	.001	-61.056	-92.65	-29.46

Decisão:

Valor-p = Sig. = **0,001< 0,05**. Portanto, a estimativa 128,94m^3x104 é significante estatisticamente. A distância entre o valor estimado e testado é real.

Teste de Significância da média amostral do Tipo 2 de Progênie:

Tabela 1
Estatísticas Descritivas da Variável Testada

One-Sample Statistics

	N	Mean	Std. Deviation	Std. Error Mean
Volume da madeira	18	156.22	58.315	13.745

A estimativa parece distante do valor da média populacional de teste. O teste de significância verificará se esta distância é real ou fruto do acaso.

Tabela 2
Teste t da Significância da Média Amostral

One-Sample Test

	Test Value = 250					
					95% Confidence Interval of the Difference	
	t	df	Sig. (2-tailed)	Mean Difference	Lower	Upper
Volume da madeira	-6.823	17	.000	-93.778	-122.78	-64.78

Decisão:

Valor-p = Sig. = **0,000< 0,05**. Portanto a estimativa 156,22 m^3x104 é significante estatisticamente.

3.15 Sequência de Passos para Teste de Significância t para Diferença de Duas Médias Amostrais Independentes Utilizando o Valor-p

1. ANALYZE
2. COMPARE MEANS
3. INDEPENDENT-SAMPLE T TEST
4. Em TEST VARIABLE(S) selecionar a variável a ser testada. Em GROUP VARIABLES indicar a variável que define as duas amostras ou subgrupos a comparar da variável teste. Em DEFINE GROUPS, definir os códigos dos subgrupos ou amostras consideradas. ®CONTINUE
5. OPTIONS. Em CONFIDENCE INTERVAL, definir o nível de confiança do teste. O default é de 95%®CONTINUE
6. OK

Observação:

O teste T deve ser efetuado para um dos dois casos: variâncias homogêneas ou não homogêneas entre os grupos, conforme resultado do teste de LAVINE, efetuados antes, nas duas colunas iniciais da tabela Independent Samples Test.

Aplicação 2:

Um pesquisador tem interesse em comparar dois tipos de progênies, referentes ao volume de madeira por árvore. Foram obtidos de uma amostra de 18 plantas de cada progênie. Realize o teste de significância da diferença de médias amostrais dos volumes (em m^3x104) dos dois tipos de progênies, com um nível de confiança de 95%, supondo as variâncias populacionais iguais.

Base de Tipos de Progênies para Teste t de Diferenças de Médias

Grupo	Progênie
1	55
1	96
1	212
1	289
1	140
1	142
1	218
1	162
1	106
1	124
1	119
1	155
1	105
1	38
1	124
1	119
1	59
1	58
2	124
2	230
2	108
2	111
2	46
2	111
2	146

2	138
2	194
2	236
2	214
2	116
2	218
2	207
2	63
2	146
2	212
2	192

Solução:

Tabela 1
Estatísticas Descritivas por Grupo

Group Statistics

	Grupo	N	Mean	Std. Deviation	Std. Error Mean
Progênie	1	18	128.94	63.527	14.973
	2	18	156.22	58.315	13.745

As médias amostrais parecem ser diferentes entre tipos de progênies. A dúvida poderá ser sanada pelo teste de significância da diferença de médias.

Tabela 2
Teste t de Diferença de Médias

Independent Samples Test

		Levene's Test for Equality of Variances		t-test for Equality of Means						
									95% Confidence Interval of the Difference	
		F	Sig.	t	df	Sig. (2-tailed)	Mean Difference	Std. Error Difference	Lower	Upper
Progênie	Equal variances assumed	.127	.723	-1.342	34	.188	-27.278	20.326	-68.584	14.029
	Equal variances not assumed			-1.342	33.754	.189	-27.278	20.326	-68.596	14.040

Decisão:

Valor-p = Sig. = **0,188** > **0,05**. Portanto, a diferença Δ=128,94-156,22 = -27,28m^{3}x104 não é significante estatisticamente. As médias dos dois tipos de progênies são iguais na população.

Aplicação 3:

Um pesquisador tem interesse em comparar dois tipos de operadoras de internet, referentes à velocidade em Mbps. De 39 residências com internet pela operadora NET VIRTUA, foram observadas as velocidades contratadas. De 39 residências com internete pela operadora GVT, foram observadas as velocidades contratadas. Realize para cada tipo de operadora o teste de significância das estimativas das médias das velocidades (em Mbps) populacionais, com um nível de confiança de 95%. Utilize um valor hipotético para a média de velocidade da NET VIRTUA e da GVT igual a μ_{01} e μ_{02} respectivamente 8 Mbps e 4 Mbps respectivamente.

Base Velocidades de Internet das Operadoras NET VIRTUA e GVT em Amostras Independentes de Residências

NET VIRTUA (Mbps)	GVT (Mbps)
15	5
12	7
10	3
9	15
16	3
3	9
15	5
6	3
12	13
10	5
10	6
3	7
15	15
2	1
10	3
16	12
3	2
10	10
9	4
4	4
7	1
13	10
11	5
14	7
10	1
16	12
5	12
11	15

8	6
6	6
3	1
11	2
2	14
7	6
11	14
8	13
5	1
4	14
4	10

Solução:

Teste de Normalidade:

1ª)Velocidades da NET VIRTUA:

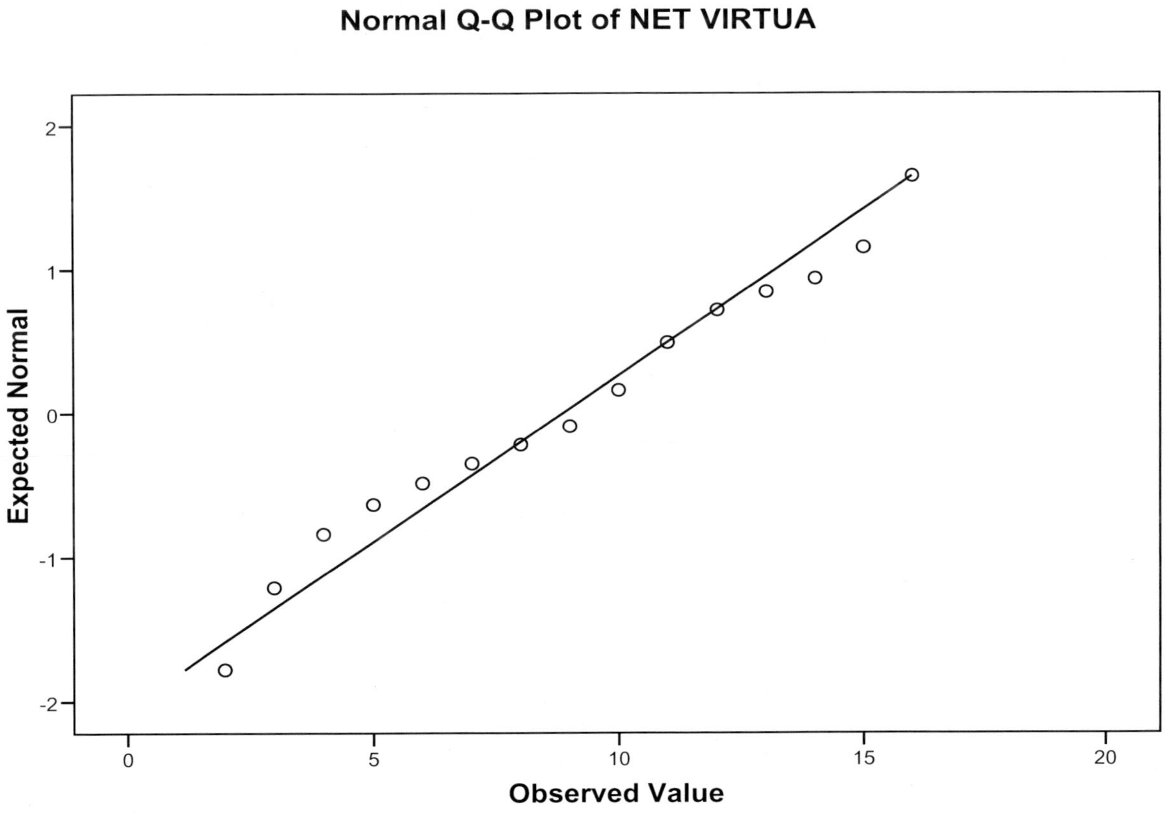

Os pontos estão bem próximos da diagonal, o que indica normalidade das velocidades das residências que têm NET VIRTUA.

1ª)Velocidades da GVT:

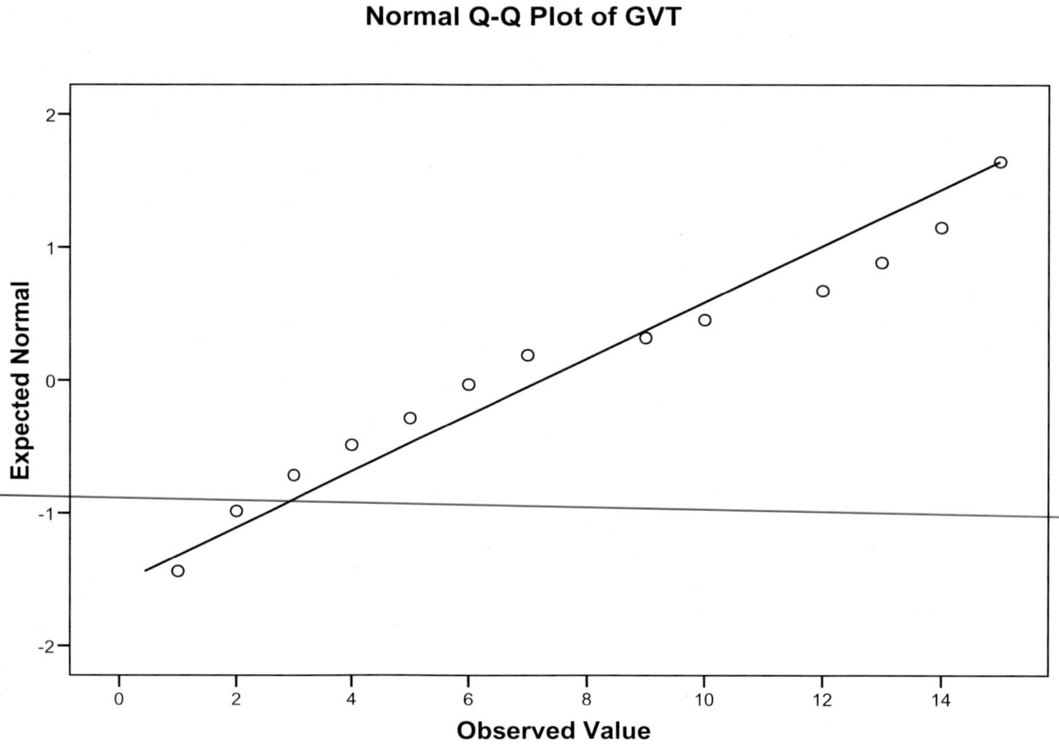

Os pontos estão bem próximos da diagonal, o que indica normalidade das velocidades das residências que têm GVT.

Conclusão:

A Estatística Paramétrica deve ser utilizada.

Teste de Significância da média amostral da NET VIRTUA:

Tabela 1
Estatísticas Descritivas da Variável Testada

One-Sample Statistics

	N	Mean	Std. Deviation	Std. Error Mean
NET VIRTUA	39	8.87	4.330	.693

A estimativa da média populacional está próxima do valor testado. É fortemente recomendado o teste de significância.

Tabela 2
Teste t da Significância da Média Amostral

One-Sample Test

	Test Value = 8					
					95% Confidence Interval of the Difference	
	t	df	Sig. (2-tailed)	Mean Difference	Lower	Upper
NET VIRTUA	1.257	38	.216	.872	-.53	2.28

Decisão:

Valor-p = Sig. = **0,216 > 0,05**. Aceita-se a hipótese nula de que a velocidade média das internets contratadas pelas residências que têm NET VIRTUA é 8Mbps. Portanto, a estimativa 8,87Mbps é não significante estatisticamente.

Teste de Significância da média amostral da GVT:

Tabela 1
Estatísticas Descritivas da Variável Testada

One-Sample Statistics

	N	Mean	Std. Deviation	Std. Error Mean
GVT	39	7.23	4.721	.756

A estimativa da média populacional está distante do valor testado. É fortemente recomendado o teste de significância.

Tabela 2
Teste t da Significância da Média Amostral

One-Sample Test

	Test Value = 4					
					95% Confidence Interval of the Difference	
	t	df	Sig. (2-tailed)	Mean Difference	Lower	Upper
GVT	4.274	38	.000	3.231	1.70	4.76

Decisão:

Valor-p = Sig. = **0,000 < 0,05**. Rejeita-se a hipótese nula de que as velocidades médias das internets contratadas pelas residências que têm GVT é 4Mbps. Portanto, a estimativa 7,23Mbps é significante estatisticamente.

Aplicação 4:

Um pesquisador tem interesse em comparar dois tipos de operadoras de internet, referentes à velocidade em Mbps. De 39 residências com internet pela operadora NET VIRTUA, foram observadas as velocidades contratadas. De 39 residências com internet pela operadora GVT, foram observadas as velocidades contratadas. Realize o teste de significância da diferença de médias amostrais das velocidades (em Mbps) dos dois tipos operadora, com um nível de confiança de 95%, supondo as variâncias populacionais iguais.

Base Operadora de Internet e Velocidades de Internet em Amostras Independentes de Residências

Operadoras	Velocidades de Internet (Mbps)
1	15
1	12
1	10
1	9
1	16
1	3
1	15
1	6
1	12
1	10
1	10
1	3
1	15
1	2
1	10
1	16
1	3
1	10
1	9
1	4
1	7
1	13
1	11
1	14
1	10
1	16
1	5
1	11
1	8
1	6

1	3
1	11
1	2
1	7
1	11
1	8
1	5
1	4
1	4
2	5
2	7
2	3
2	15
2	3
2	9
2	5
2	3
2	13
2	5
2	6
2	7
2	15
2	1
2	3
2	12
2	2
2	10
2	4
2	4
2	1
2	10
2	5
2	7
2	1
2	12
2	12
2	15
2	6
2	6
2	1

2	2
2	14
2	6
2	14
2	13
2	1
2	14
2	10

1-NET VIRTUA e 2-GVT

Solução:

Tabela 1
Estatísticas Descritivas por Grupo

Group Statistics

	Operadora de Internet	N	Mean	Std. Deviation	Std. Error Mean
Velocidade de Internet (Mbps)	NET VIRTUA	39	8.87	4.330	.693
	GVT	39	7.23	4.721	.756

As médias de velocidades de internet contratadas pelas residências parecem ser as mesmas entre as operadoras. Mas este resultado é real ou é devido ao acaso? O teste de significância da diferença de médias responderá a tal questão.

Tabela 2
Teste t de Diferença de Médias

Independent Samples Test

		Levene's Test for Equality of Variances		t-test for Equality of Means						
									95% Confidence Interval of the Difference	
		F	Sig.	t	df	Sig. (2-tailed)	Mean Difference	Std. Error Difference	Lower	Upper
Velocidade de Internet (Mbps)	Equal variances assumed	.748	.390	1.600	76	.114	1.641	1.026	-.402	3.684
	Equal variances not assumed			1.600	75.438	.114	1.641	1.026	-.402	3.684

Decisão:

Valor-p = Sig. = **0,114 > 0,05**. Portanto, a diferença de médias de velocidades entre as operadoras não é significante estatisticamente. As médias dos dois tipos de operadoras são iguais na população. A velocidade de internet contratada entre NET VIRTUA e GVT são iguais.

Capítulo 4

Teste de Ajustamento do Qui-quadrado

4.1 Conceito

O teste de significância do Qui-Quadrado (χ^2) de uma amostra é uma prova de aderência.

O teste de ajustamento do Qui-Quadrado (χ^2) compara as frequências dos valores observados com as frequências dos valores esperados de uma experiência ou de uma distribuição de probabilidade teórica.

A aproximação ao χ^2 é possível na seguintes condições:

- *Não existam mais de 20% de categorias com valores esperados inferiores a 5;*
- *Todas as categorias com valores esperados maiores ou iguais a 1.*

Caso estas regras não estejam observadas, podem agregar-se algumas categorias.

A grande potencialidade do teste do ajustamento ou aderência do qui-quadrado é que pode ser usado para testar a hipótese nula de que uma amostra de dados de uma variável aleatória segue uma determinada distribuição de probabilidade. Basta comparar as frequências observadas com as que se esperaria de uma determinada distribuição teórica.

4.2 Sequência de Passos no SPSS para Realização do Teste de Ajustamento do Qui-Quadrado

Para efetuar o teste do qui-quadrado, deve proceder-se segundo a sequência abaixo:

1. ANALYZE;
2. NONPARAMETRIC TEST;
3. CHI-SQUARE;
4. SELECIONAR UMA OU MAIS VARIÁVEIS A TESTAR E COLOCÁ-LAS NA LISTA DE VARIÁVEIS DE TESTE;
5. EM EXPECTED RANGE, ESPECIFICAR AS CATEGORIAS.SE TODOS OS VALORES DA VARIÁVEL DEFINEM UMA CATEGORIA, SELECIONAR GET FROM DATA. CASO CONTRÁRIO, SELECIONAR USE SPECIFIED RANGE E INDICAR O EXTREMO MÁXIMO E MÍNIMO DO INTERVALO;
6. EM EXPECTED VALUE, ESPECIFICAR AS FREQUÊNCIAS ESPERADAS PARA CADA CATEGORIA. SE ESPERAR A MESMA FREQUÊNCIA PARA TODAS AS CATEGORIAS, SELECIONAR ALL CATEGORIES EQUAL.CASO CONTRÁRIO, SELECIONAR VALUES E INDICAR A FREQUÊNCIAPARA CADA CATEGORIA INDIVIDUALMENTE. A ORDEM É IMPORTANTE: CORRESPONDE À ORDEM ASCENDENTE DOS VALORES QUE DEFINEM AS CATEGORIAS DA VARIÁVEL TESTE.

4.3 Aplicações

Aplicação 1:

Testar se um saquinho de jujubas juquinhas contém iguais proporções de juquinhas azuis, castanhas, verdes, amarelas, laranjas e vermelhas.

Base Jujubas Juquinhas

Cor	**Sabor**
1	1
1	1
1	1
5	1
2	2
2	2
2	2
2	2
2	2
2	2
2	2
2	2
2	2
2	2
2	2
2	2
2	2
2	2
2	2
2	2
2	2
3	3
3	3
3	3
3	3
3	3
4	4
4	4
4	4
4	4
4	4
4	4

4	4
4	4
4	4
5	5
5	5
5	5
5	5
5	5
5	5
5	5
5	5
5	5
5	5
5	5
5	5
5	5
6	6
6	6
6	6
6	6
6	6
6	6
6	6
6	6
6	6
6	6
6	6
6	6
1	7
1	7
1	7
2	8
2	8
2	8
2	8
2	8
2	8
2	8
2	8
2	8
2	8

2	8
2	8
2	8
2	8
2	8
2	8
3	9
3	9
3	9
3	9
4	10
4	10
4	10
4	10
4	10
4	10
4	10
4	10
5	11
5	11
5	11
5	11
5	11
5	11
5	11
5	11
5	11
6	12
6	12
6	12
6	12
6	12
6	12
6	12
6	12
6	12
6	12
6	12
6	12
6	12
6	12

Categorias das Variáveis

Cor	Sabor
1-Azul 2-Castanho 3-Verde 4-Amarelo 5-Laranja 6-Vermelho	1-Groselha 2-Chocolate 3-Maçã 4-Limão 5-Laranja 6-Morango 7-Amora 8-Caramelo 9-Goiaba 10-Ananás 11-Papaia 12-Cereja

Solução:

Tabela 1
Frequências

cor da jujuba

	Observed N	Expected N	Residual
azul	6	19.0	-13.0
castanho	33	19.0	14.0
verde	9	19.0	-10.0
amarelo	17	19.0	-2.0
laranja	23	19.0	4.0
vermelho	26	19.0	7.0
Total	114		

Tabela 2
Teste de Ajustamento do Qui-quadrado

Test Statistics

	cor da jujuba
Chi-Square[a]	28.105
df	5
Asymp. Sig.	.000

a. 0 cells (.0%) have expected frequencies less than 5. The minimum expected cell frequency is 19.0.

Decisão:

O nível de significância é inferior a 0,05 pelo que se rejeita a hipótese nula que afirma que os valores observados se ajustam aos valores esperados, ou seja, que o saquinho contém iguais proporções de balas juquinhas azuis, castanhas, verdes, amarelas, laranjas e vermelhas.

Aplicação 2

Testar se o saquinho de jujubas juquinhas da aplicação 1 contém as seguintes proporções de jujubas coloridas: 5% de azuis, 30% de castanhas, 10% de verdes, 15% de amarelas, 20% de laranjas e 20% de vermelhas.

Base Jujubas Juquinhas

Cor	Sabor
1	1
1	1
1	1
5	1
2	2
2	2
2	2
2	2
2	2
2	2
2	2
2	2
2	2
2	2
2	2
2	2
2	2
2	2
2	2
2	2
2	2
3	3
3	3
3	3
3	3
3	3
4	4
4	4

4	4
4	4
4	4
4	4
4	4
4	4
4	4
5	5
5	5
5	5
5	5
5	5
5	5
5	5
5	5
5	5
5	5
5	5
5	5
5	5
6	6
6	6
6	6
6	6
6	6
6	6
6	6
6	6
6	6
6	6
6	6
6	6
1	7
1	7
1	7
2	8
2	8
2	8
2	8
2	8

2	8
2	8
2	8
2	8
2	8
2	8
2	8
2	8
2	8
2	8
2	8
3	9
3	9
3	9
3	9
4	10
4	10
4	10
4	10
4	10
4	10
4	10
4	10
5	11
5	11
5	11
5	11
5	11
5	11
5	11
5	11
5	11
6	12
6	12
6	12
6	12
6	12
6	12
6	12
6	12

6	12
6	12
6	12
6	12
6	12
6	12

Categorias das Variáveis

Cor	Sabor
1-Azul 2-Castanho 3-Verde 4-Amarelo 5-Laranja 6-Vermelho	1-Groselha 2-Chocolate 3-Maçã 4-Limão 5-Laranja 6-Morango 7-Amora 8-Caramelo 9-Goiaba 10-Ananás 11-Papaia 12-Cereja

Solução:

Tabela 1
Frequências

cor da jujuba

	Observed N	Expected N	Residual
azul	6	5.7	.3
castanho	33	34.2	-1.2
verde	9	11.4	-2.4
amarelo	17	17.1	-.1
laranja	23	22.8	.2
vermelho	26	22.8	3.2
Total	114		

Tabela 2
Teste de Ajustamento do Qui-quadrado

Test Statistics

	cor da jujuba
Chi-Square[a]	1.015
df	5
Asymp. Sig.	.961

a. 0 cells (.0%) have expected frequencies less than 5. The minimum expected cell frequency is 5.7.

Decisão:

O nível de significância é superior a 0,05 pelo que se aceita a hipótese nula que afirma que os valores observados se ajustam aos valores esperados, ou seja, que o saquinho contém as seguintes proporções de jujubas coloridas: 5% de azuis, 30% de castanhas, 10% de verdes, 15% de amarelas, 20% de laranjas e 20% de vermelhas.

Aplicação 3:

O número de defeitos por unidade observado em uma amostra de 100 rádios produzidos por uma linha de montagem apresentou os resultados da base de dados abaixo. Testar ao nível de 5% se os dados se ajustam à distribuição de Poisson.

Base Número de Defeitos de Rádios

Número de Defeitos
0
0
0
0
0
0
0
0
0
0
0
0
0
0
0
0
0

0
0
0
0
0
0
0
0
1
1
1
1
1
1
1
1
1
1
1
1
1
1
1
1
1
1
1
1
1
1
1
1
1
1
1
1
1
1
1
1

1
1
1
2
2
2
2
2
2
2
2
2
2
2
2
2
2
2
2
2
3
3
3
3
3
3
3
3
3
3
3
3
3
4
4
4
4
4
4

4
4
4

Solução:

1º)Vamos calcular as probabilidades esperadas do número de defeitos de Poisson utilizando a planilha Excel.

a)Na planilha 1,calculamos a média de defeitos dos dados

λ = 1,46

b)Na planilha 2, utilizando a função INSERIR → FÓRMULAS → ESTATÍSTICA → POISSON, como segue nas figuras abaixo:

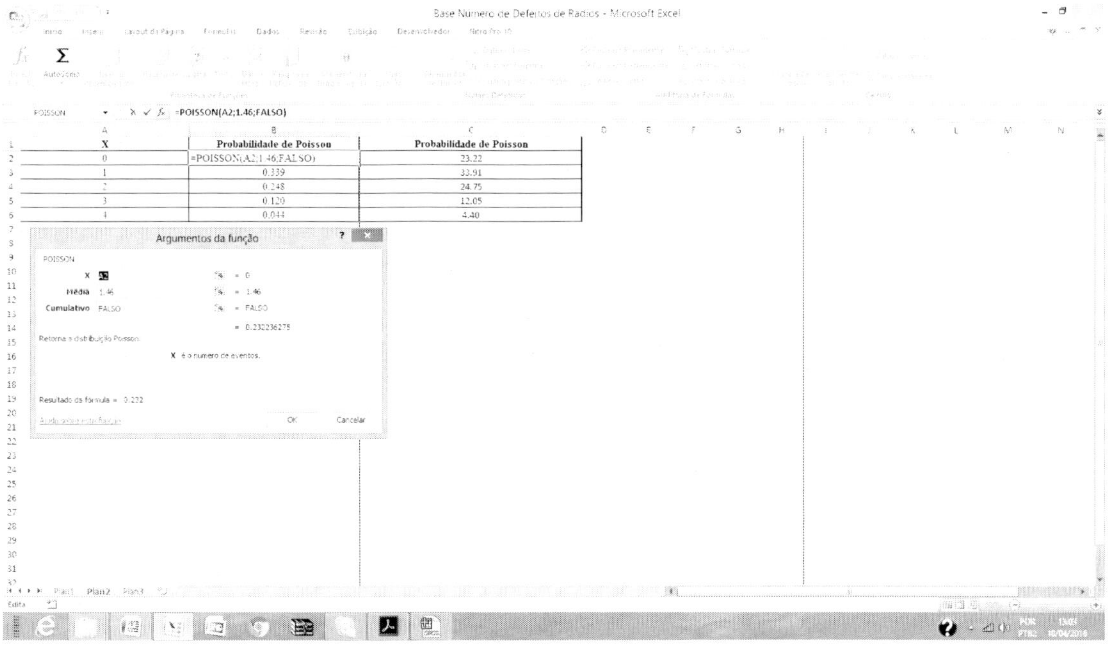

A tabela a seguir, então apresenta os resultados das frequências estatísticas esperadas para um comportamento teórico de Poisson:

Frequências Esperadas

X	Probabilidade de Poisson	Probabilidade de Poisson
0	0.232	23.22
1	0.339	33.91

2	0.248	24.75
3	0.120	12.05
4	0.044	4.40

2º)Vamos realizar o teste de significância do ajustamento no SPSS:

Tabela 1
Frequências

Número de defeitos

	Observed N	Expected N	Residual
0	25	23.6	1.4
1	35	34.5	.5
2	18	25.2	-7.2
3	13	12.3	.7
4	9	4.5	4.5
Total	100		

Tabela 2
Teste de Ajustamento do Qui-quadrado

Test Statistics

	Número de defeitos
Chi-Square[a]	6.753
df	4
Asymp. Sig.	.150

a. 1 cells (20.0%) have expected frequencies less than 5. The minimum expected cell frequency is 4.5.

Decisão:

Valor-p=0,15>0,05, aceita-se a hipótese nula de que os dados sigam a distribuição de Poisson.

Capítulo 5

Teste Binomial

5.1 Conceito

O teste binomial compara a distribuição de uma variável dicotômica com a probabilidade especificada para cada grupo.

Supondo uma população constituída por dois grupos homens e mulheres, ou casados e solteiros qualquer observação X dessa população pode tomar um de dois valores 1 ou 0.

O pressuposto é que a probabilidade de ocorrência de uma observação do 1º grupo é p, e para outro grupo é q = 1-p. Assim supondo que X pode tomar os valores 0 e 1:

$$P(X = 1) = p \qquad e \qquad P(x = 0) = q$$

Eventualmente, podemos ter p = q = 0,5.

5.2 Sequência de Passos no SPSS para Realização do Teste Binomial

1. *ANALYZE*;
2. *NONPARAMETRIC TESTS*;
3. *BINOMIAL*;
4. SELECIONAR UMA OU MAIS VARIÁVEIS E COLOCÁ-LAS NA LISTA DE VARIÁVEIS DE TESTE;
5. SE A VARIÁVEL FOR DICOTÔMICA, EM *DEFINE DICHOTOMY* SELECIONAR *GET FROM DATA*. CASO CONTRÁRIO, O SPSS TRANSFORMARÁ A BASE EM DICOTÔMICA. SELECIONAR O CÓDIGO DO GRUPO 1 (PONTO DE CORTE). TODO O RESTO SERÁ O GRUPO 2.
6. EM *TEST PROPORTION* INSERIR A PROBABILIDADE A TESTAR PARA O PRIMEIRO GRUPO. O SPSS CONSIDERA COMO PRIMEIRO GRUPO AQUELE CUJOS VALORES SÃO IGUAIS AOS DO PRIMEIRO CASO PARA A VARIÁVEL DE TESTE.

5.3 Aplicações

Aplicação 1:

Os dados abaixo se referem ao grau de satisfação de clientes com o serviço de dedetização de duas empresas (Inseto Morto e Inseto Vaza).

Base Serviço de Dedetização Dicotômico

Inseto Morto	Inseto Vaza
1	1
1	1
1	1
1	1
1	1
1	1
1	1
1	1
1	1
1	1
1	1
1	1
1	1
1	1
1	1
1	1
1	1
1	1
1	1
1	1
1	1
1	1
1	0
1	0
1	0
1	0
1	0
1	0
1	0
1	0
0	0
0	0
0	0
0	0
0	0
0	0
0	0

0	0
0	0
0	0

1-Satisfeito e 0- Insatisfeito

Solução:

Tabela
Teste Binomial

Binomial Test

		Category	N	Observed Prop.	Test Prop.	Asymp. Sig. (2-tailed)
Inseto Morto	Group 1	Satisfeito	30	.75	.50	.002a
	Group 2	Insatisfeito	10	.25		
	Total		40	1.00		
Inseto Vaza	Group 1	Satisfeito	22	.55	.50	.636a
	Group 2	Insatisfeito	18	.45		
	Total		40	1.00		

a. Based on Z Approximation.

Decisão para Inseto Morto:

Valor-p=0,002<0,05, rejeita-se a hipótese nula. Rejeita-se, para a variável Inseto Morto, a hipótese nula que afirma que a probabilidade de ocorrência de um cliente satisfeito é de 50%.

Decisão para Inseto Vaza:

Valor-p=0,636>0,05, aceita-se a hipótese nula. Aceita-se, para a variável Inseto Vaza, a hipótese nula que afirma que a probabilidade de ocorrência de um cliente satisfeito é de 50%.

Aplicação 2:

Os dados abaixo se referem ao grau de satisfação de clientes com o serviço de dedetização de duas empresas (Inseto Morto e Inseto Vaza).

Base Serviço de Dedetização Não Dicotômico

Inseto Morto	Inseto Vaza
1	1
1	1
1	1
1	1
1	1
1	1

1	1
1	1
1	1
1	1
1	1
1	1
1	1
1	1
1	1
1	1
2	1
2	1
2	1
2	1
2	1
2	1
2	2
2	2
2	2
2	2
2	2
2	3
2	3
2	3
3	3
3	3
3	3
3	3
3	3
3	3
3	3
3	3
3	3
3	3

1-Satisfeito, 2-Moderadamente Satisfeito 3- Insatisfeito

Solução:

Tabela
Teste Binomial

Binomial Test

		Category	N	Observed Prop.	Test Prop.	Asymp. Sig. (2-tailed)
Inseto Morto	Group 1	<= 1	16	.40	.50	.268[a]
	Group 2	> 1	24	.60		
	Total		40	1.00		
Inseto Vaza	Group 1	<= 1	22	.55	.50	.636[a]
	Group 2	> 1	18	.45		
	Total		40	1.00		

a. Based on Z Approximation.

Decisão para Inseto Morto:

Valor-p=0,268>0,05, aceita-se a hipótese nula. Aceita-se, para a variável Inseto Morto, a hipótese nula que afirma que a probabilidade de ocorrência de um cliente satisfeito é de 50%.

Decisão para Inseto Vaza:

Valor-p=0,636>0,05, aceita-se a hipótese nula. Aceita-se, para a variável Inseto Vaza, a hipótese nula que afirma que a probabilidade de ocorrência de um cliente satisfeito é de 50%.

Capítulo 6

Teste da Aleatoriedade de uma Amostra (Runs)

6.1 Conceito

O teste de sequência de Wald-Wolfowitz testa a hipótese nula de que uma sequência de valores é aleatória.

Pode ser usado para testar se uma amostra selecionada para uma investigação foi obtida por sorteio ou se uma sequência é aleatória.

O teste só pode ser realizado sobre variáveis dicotômicas. Usualmente, a conversão de uma variável não dicotômica em dicotômica não apresenta dificuldades.

6.2 Sequência de Passos no SPSS para Realização do Teste de Aleatoriedade

1. *ANALYZE*;
2. *NONPARAMETRIC TESTS*;
3. *RUNS*;
4. SELECIONAR UMA OU MAIS VARIÁVEIS A TESTAR E COLOCÁ-LAS NA LISTA DE VARIÁVEIS DE TESTE;
5. SELECIONAR SELECIONAR A ESTATÍSTICA DE CORTE QUE DEFINA AS SEQUÊNCIAS. PONTOS IGUAIS AO PONTO DE CORTE SÃO INCLUÍDOS NO GRUPO SUPERIOR.. O DEFAULT É A MEDIANA.

6.3 Aplicações

Aplicação:

A base de dados abaixo apresenta duas amostras de 20 brasileiros que opinaram sobre ser a favor ou não do impedimento do presidente da república. Verifique se as amostras foram selecionadas aleatoriamente.

Base Opiniões sobre Impedimento do Presidente

Amostra 1	Amostra 2
1	1
0	1
1	1
0	1
0	1
1	1
0	1
0	1
0	1
1	1
1	1
1	1
1	1
0	1
1	1
1	1
1	1
1	1
1	0
1	0

1-Sim e 0- Não

Solução:

Tabela
Teste de Aleatoriedade

Runs Test

	Amostra 1	Amostra 2
Test Value[a]	1	1
Cases < Test Value	7	2
Cases >= Test Value	13	18
Total Cases	20	20
Number of Runs	9	2
Z	-.305	-2.992
Asymp. Sig. (2-tailed)	.761	.003

a. Median

Decisão:

Amostra 1:

Valor-p=0,761>0,05, aceita a hipótese nula de que a amostra foi selecionada aleatoriamente.

Amostra 2:

Valor-p=0,003<0,05, rejeita a hipótese nula de que a amostra foi selecionada aleatoriamente.

Capítulo 7

Teste de Ajustamento de Kolmogorov-Smirnov (K-S)

7.1 Conceito

O teste de significância de Kolmogorov-Smirnov de uma amostra é uma prova de aderência. Testa o grau de aderência entre uma amostra de dados empíricos (observados) e determinada distribuição de probabilidades específica (por exemplos, Normal, Uniforme, Poisson e Exponencial).

Determina se os valores de uma amostra podem razoavelmente ser considerados como provenientes de uma população com aquela distribuição teórica.

Sendo X uma característica em estudo, então formulam-se as hipóteses:

H_0: *X tem distribuição Normal ou Uniforme ou Poisson ou Exponencial;*

H_1: *X não tem distribuição Normal ou Uniforme ou Poisson ou Exponencial.*

Em resumo, o teste procura especificar a distribuição de frequência acumulada que ocorreria sob a distribuição teórica, e compará-la com a distribuição acumulada observada. A distribuição teórica representa o que se poderia esperar sob a hipótese nula. Determina-se o ponto em que essas duas distribuições teórica e observada acusam divergência.

A referência à distribuição amostral indica se essa diferença máxima pode ser atribuída ao acaso, isto é, a distribuição amostral indica se uma divergência com tal magnitude teria probabilidade de ocorrer se as observações constituíssem realmente uma amostra aleatória da distribuição teórica.

O teste de Kolmogorov-Smirnov de uma amostra trata observações individuais separadamente e, assim, ao contrário do teste do qui-quadrado de aderência de uma amostra, não precisa perder informações em decorrência da combinação de categorias.

Quando as amostras são pequenas e as categorias adjacentes devem ser combinadas antes ao se calcular o valor do qui-quadrado adequadamente, o teste do qui-quadrado é decididamente menos poderoso que o teste de Kolmogorov-Smirnov. Além disso, para amostras muito pequenas, o teste de significância do qui-quadrado não é aplicável de forma alguma, enquanto o teste de significância de Kolmogorov-Smirnov sim. Esses fatores sugerem que a prova de Kolmogorov-Smirnov possa ser, em qualquer instância, mais poderosa que sua alternativa do qui-quadrado.

A distribuição normal é pressuposto básico para diversas aplicações estatísticas inferenciais e, por isso mesmo, o teste de Kolmogorov-Smirnov é muito utilizado para teste de normalidade de uma amostra de dados observados.

7.2 Teste de Lilliefors

O teste de Lilliefors, criado por Hubert Lilliefors, professor de Estatística na Universidade George Washington, e se trata-se de uma adaptação do teste de Kolmogorov-Smirnov.

O teste de Lilliefors é usado para verificar a aderência dos dados a uma distribuição normal qualquer, isto é, sem a especificação de seus parâmetros.

É bastante parecido com o teste de Aderência de Kolmogorov-Smirnov, pois também avaliamos as distribuições acumuladas S(x) e F(x); obtemos a Distância Máxima D entre elas; e a comparamos com um valor tabelado em função do nível de significância e do tamanho da amostra.

Diferenças:

- Não é necessário especificar especificar μ e σ.
- Forma de Obtenção de F(x), pois a Média e o Desvio Padrão são Calculados com Base na Amostra.
- Tabela Utilizada para Decisão do Teste.

Hipóteses:

H_0: *A amostra provém de uma população que segue uma distribuição normal;*

H_1: *A amostra não provém de uma população que segue uma distribuição normal.*

Portanto,

O teste de Lilliefors é uma adaptação do teste de Kolmogorov-Smirnov, usado para verificação de normalidade de um conjunto de dados. A diferença básica entre os testes é que a prova de Kolmogorof-Smirnoff testa a normalidade a partir de média e desvio fornecidos, enquanto o teste de Lilliefors usa a média e o desvio padrão, calculados no próprio conjunto de dados.

7.3 Sequência de Passos no SPSS para Realização do Teste de Kolmogorov-Smirnov

1. *ANALYZE*;
2. *NONPARAMETRIC TESTS*;
3. 1-*SAMPLE K-S...*;
4. SELECIONAR UMA OU MAIS VARIÁVEIS A TESTAR E COLOCÁ-LAS NA LISTA DE VARIÁVEIS DE TESTE;
5. SELECIONAR SELECIONAR O MODELO DE PROBABILIDADE A SER TESTADA A ADERÊNCIA. AS ALTERNATIVAS OFERECIDAS PELO SPSS SÃO NORMAL, UNIFORME, POISSON E EXPONENCIAL

7.4 Aplicações

Aplicação 1:

A base de dados abaixo reuniu uma amostra de 20 pessoas que concluíram os quatro níveis de ensino superior no Brasil e os respectivos coeficientes de rendimentos no fim dos cursos. Teste a normalidade das variáveis da base de dados por Kolmogorov-Smirnov.

Base Formação das Pessoas

Graduação	Especialização	Mestrado	Doutorado
7,02	9,37	9,23	7,21
6,87	7,39	6,65	8,68
7,67	7,49	8,65	7,56
8,07	8,34	9,59	7,77
8,06	6,66	9,23	8,74
7,78	8,77	9,26	6,65
8,85	8,01	7,20	6,80
7,80	8,36	8,12	8,66
6,37	9,74	8,52	8,62
7,92	7,91	7,13	7,73
8,07	8,61	7,68	10,34
6,53	8,91	8,83	7,00
8,86	7,38	7,65	6,80
8,85	7,20	6,77	9,46
8,82	6,92	6,29	8,41
9,20	7,63	9,37	8,34
9,20	8,28	7,67	8,26
9,18	6,20	7,68	7,02
7,21	8,87	7,44	6,57
8,10	8,33	8,10	9,34

Solução:

Tabela 1
Teste de Kolmogorov-Smirnov

One-Sample Kolmogorov-Smirnov Test

		Graduação	Especialização	Mestrado	Doutorado
N		20	20	20	20
Normal Parameters[a,b]	Mean	8.0215	8.0185	8.0530	7.9980
	Std. Deviation	.88931	.91433	.99405	1.05719
Most Extreme Differences	Absolute	.165	.113	.146	.123
	Positive	.115	.068	.146	.123
	Negative	-.165	-.113	-.132	-.098
Kolmogorov-Smirnov Z		.740	.503	.654	.548
Asymp. Sig. (2-tailed)		.645	.962	.786	.925

a. Test distribution is Normal.

b. Calculated from data.

Decisões:

Graduação:
Valor-p=0,645>0,05. Os coeficientes de rendimentos no fim dos cursos são normalmente distribuídos na graduação.

Especialização:
Valor-p=0,962>0,05. Os coeficientes de rendimentos no fim dos cursos são normalmente distribuídos na especialização.

Mestrado:
Valor-p=0,786>0,05. Os coeficientes de rendimentos no fim dos cursos são normalmente distribuídos no mestrado.

Doutorado:
Valor-p=0,925>0,05. Os coeficientes de rendimentos no fim dos cursos são normalmente distribuídos no doutorado.

Capítulo 8

Teste de Shapiro-Wilk

8.1 Conceito

O teste de significância de Shapiro-Wilk de uma amostra é um teste de significância de aderência.

Este teste é apresentado, adicionalmente, pelo SPSS. É uma alternativa ao Teste de Kolmogorov-Smirnov no teste à normalidade da variável em estudo.

Testa o grau de aderência entre uma amostra de dados empíricos (observados) e a distribuição normal de probabilidades. É portanto um Teste de Normalidade

Determina se os valores de uma amostra podem razoavelmente ser considerados como provenientes de uma distribuição normal.

O teste Shapiro-Wilk calcula uma variável estatística (W) que investiga se uma amostra aleatória provém de uma distribuição normal.

Sendo X uma característica em estudo, então formulam-se as hipóteses:

H_0: *X tem distribuição Normal;*
H_1: *X não tem distribuição Normal.*

A hipótese nula deste teste é que a população é normalmente distribuída. Assim, se o *valor-p* é menor do que o nível de significância (o *default* é 5%) , em seguida, a hipótese nula é rejeitada e existem evidências de que os dados não são provenientes de uma população normalmente distribuída. Em outras palavras, os dados não são normais. Se ao contrário, o *valor-p* é maior do que o nível de significância, em seguida, a hipótese nula de que os dados vieram de uma população distribuída normalmente é aceita. Por exemplo, para o nível alfa de 0,05, uma amostra com valor-p de 0,02 rejeita a hipótese nula de que os dados são de uma população distribuída normalmente.

O teste de Shapiro-Wilk é sensível ao tamanho da amostra. Para amostras grandes, existe sempre uma probabilidade alta da prova aceitar a hipótese nula de que os dados são normalmente distribuídos. Uma suplementação com gráficos de probabilidades ou histogramas fornecidos pelo SPSS pode ajudar a elucidar eventuais dúvidas do teste de Shapiro-Wilk.

A simulação de Monte Carlos descobriu que Shapiro-Wilk tem maior potência para um determinado tamanho da amostra, quando comparado ao teste de Kolmogorov-Smirnov.

Portanto, quando o tamanho da amostra é pequeno, o ***teste S-W*** é o preferido, ao passo que se o tamanho da amostra for grande, o ***teste K-S*** é altamente confiável.

8.2 Sequência de Passos no SPSS para Realização do Teste de Shapiro-Wilk

Os passos para realização do Shapiro-Wilk também realiza os teste de Kolmogorov-Smirnov.

1. ANALYZE;
2. DESCRIPTIVE STATISTICS;
3. EXPLORE;
4. Escolha as variáveis que serão transferidas para DEPENDENT LIST.
5. Em PLOT; selecione NORMALITY PLOTS WITH TESTS e assinale HISTOGRAM. Clique CONTINUE e depois OK.

8.3 Aplicações

Aplicação 1:

A base de dados abaixo reuniu uma amostra de 20 pessoas que concluíram os quatro níveis de ensino superior no Brasil e os respectivos coeficientes de rendimentos no fim dos cursos. Teste a normalidade das variáveis da base de dados por Shapiro-Wilk.

Base Formação das Pessoas

Graduação	Especialização	Mestrado	Doutorado
7,02	9,37	9,23	7,21
6,87	7,39	6,65	8,68
7,67	7,49	8,65	7,56
8,07	8,34	9,59	7,77
8,06	6,66	9,23	8,74
7,78	8,77	9,26	6,65
8,85	8,01	7,20	6,80
7,80	8,36	8,12	8,66
6,37	9,74	8,52	8,62
7,92	7,91	7,13	7,73
8,07	8,61	7,68	10,34
6,53	8,91	8,83	7,00
8,86	7,38	7,65	6,80
8,85	7,20	6,77	9,46
8,82	6,92	6,29	8,41
9,20	7,63	9,37	8,34
9,20	8,28	7,67	8,26
9,18	6,20	7,68	7,02
7,21	8,87	7,44	6,57
8,10	8,33	8,10	9,34

Solução:

Tabela 1
Teste de Shapiro-Wilk

Tests of Normality

	Kolmogorov-Smirnov[a]			Shapiro-Wilk		
	Statistic	df	Sig.	Statistic	df	Sig.
Graduação	.165	20	.154	.931	20	.161
Especialização	.113	20	.200*	.988	20	.995
Mestrado	.146	20	.200*	.951	20	.385
Doutorado	.123	20	.200*	.946	20	.304

*. This is a lower bound of the true significance.

a. Lilliefors Significance Correction

O SPSS usa estimativas dos parâmetros da distribuição em teste, não permitindo ao utilizador a especificação desses parâmetros. Assim, por exemplo, a hipótese que uma amostra tem distribuição $N(\mu; \sigma)$ não pode ser testada no SPSS com o teste de Kolmogorov-Smirnov. Por outro lado, a hipótese de que uma amostra tem distribuição normal pode ser testada no SPSS. Se aceitarmos esta hipótese, então a distribuição normal a considerar para a população é *N(xbarra; sc)*, em que *xbarra* e *sc* são, respectivamente, a média e o desvio padrão corrigido da amostra.

Como consequência da utilização das estimativas acima referidas, o teste tende a aceitar a hipótese H_0 mais vezes do que deveria. Para resolver este problema foi proposta por Lilliefors uma correção ao teste de Kolmogorov-Smirnov quando a distribuição em teste é normal. O teste de Kolmogorov-Smirnov com a correção de Lilliefors é então recomendado nesta situação. Está disponível no SPSS a partir de *Analyze → Descriptive Statistics → Explore.*

A tabela 1 acima apresenta o teste de Kolmogorov-Smirnov com a correção de Lilliefors e o teste de ajustamento desenvolvido especialmente para a lei normal, o teste de Shapiro-Wilk. Para amostras de dimensão superior ou igual a 30 aconselha-se o teste de Kolmogorov-Smirnov com a correção de Lilliefors. Para amostras de dimensão mais reduzida é mais indicado o teste de Shapiro-Wilk. Como aqui se trata de amostras de dimensão 20, as informações a reter são as dadas pelo Teste de Shapiro-Wilk. Os valores de significância de Shapiro-Wilk permitem-nos aceitar a hipótese da normalidade da população para o nível de significância de 5%.

Observemos agora, na aplicação do Teste de Kolmogorov-Smirnov corrigido, que valores-p dos testes de Kolmogorov-Smirnov sem a correção de Lilliefors são bem superiores aos com a correção de Lilliefors (ver tabela 1 da solução da aplicação do capítulo 7). Os valores-p são muito superiores aos corrigidos de Kolmogorov Smirnov, o que vai de encontro ao que foi referido anteriormente: *o teste de Kolmogorov-Smirnov aceita mais facilmente a hipótese H_0 do que o teste de Kolmogorov-Smirnov com a correção de Lilliefors.*

Decisões:

Graduação:
Valor-p=0,161>0,05. Os coeficientes de rendimentos no fim dos cursos são normalmente distribuídos na graduação.

Especialização:
Valor-p=0,995>0,05. Os coeficientes de rendimentos no fim dos cursos são normalmente distribuídos na especialização.

Mestrado:
Valor-p=0,385>0,05. Os coeficientes de rendimentos no fim dos cursos são normalmente distribuídos no mestrado.

Doutorado:
Valor-p=0,304>0,05. Os coeficientes de rendimentos no fim dos cursos são normalmente distribuídos no doutorado.

Capítulo 9

Teste de Independência do Qui-quadrado

9.1 Conceito

O teste de independência do Qui-Quadrado permite averiguar se duas variáveis qualitativas estão correlacionadas, sendo mais indicado quando as variáveis são qualitativas nominais.

O teste de independência Qui-Quadrado é usado para descobrir se existe uma associação entre a variável de linha e coluna variável em uma tabela de contingência construído a partir de dados da amostra. A hipótese nula é de que as variáveis não estão associadas, em outras palavras, eles são independentes. A hipótese alternativa é de que as variáveis estão associadas, ou dependentes.

Pressuposições:

- *Os dados são selecionados aleatoriamente.*
- *Todas as frequências esperadas são maiores ou iguais a 1*
- *Não mais de 20% das frequências esperadas são inferiores a 5.*

Hipóteses:

H_0: *as variáveis são independentes*
H_1: *as variáveis são dependentes*

9.2 Sequência de Passos no SPSS para Realização do Teste de Independência do Qui-Quadrado

1. ANALYZE;
2. DESCRIPTIVE STATISTICS;
3. CROSSTABS;
4. SELECIONAR AS VARIÁVEIS A COMPARAR E COLOCÁ-LAS NA LISTA DAS LINHAS E OUTRA NA LISTA DAS COLUNAS;
5. EM STATISTICS, SELECIONAR CHI-SQUARE
6. EM CELL, ASSINALAR EM COUNTS: OBSERVED E EXPECTED

9.3 Aplicações

Aplicação 1:

Suponha que se haja duas variáveis, desenvolvimento de tumor maligno (desenvolveu ou não desenvolveu) e hábito de fumar (fumante ou não fumante) e considere uma amostra aleatória (casual) de 100 adultos descrita na base de dados abaixo. Note que as classes de cada variável são independentes, ou seja, uma pessoa não pode ser fumante e não fumante ao mesmo tempo, e similar ocorre com o desenvolvimento de câncer. Pretende-se investigar se as variáveis estudadas têm alguma associação. Teste pelo Qui-Quadrado se o hábito de fumar está ou não associado, de alguma forma, ao desenvolvimento de tumor maligno.

Base Hábito de Fumar e Desenvolvimento de Tumor Maligno

Hábito de fumar	Desenvolvimento de tumor maligno
1	1
1	1
1	1
1	1
1	1
1	1
1	1
1	1
1	1
1	1
1	1
1	1
1	1
1	1
1	1
1	1
1	1
1	1
1	1
1	1
1	1
1	1
1	1
1	1
1	1
1	1
1	1

1	1
1	1
1	1
1	1
1	1
1	1
1	1
1	1
1	1
1	1
1	1
1	1
1	1
1	1
1	1
1	1
2	1
2	1
2	1
2	1
2	1
2	1
2	1
2	1
2	1
2	2
2	2
2	2
2	2
2	2
2	2
2	2
2	2
2	2
2	2
2	2
2	2
2	2
2	2
2	2

2	2
2	2
2	2
2	2
2	2
2	2
2	2
2	2
2	2
2	2
2	2
2	2
2	2
2	2
2	2
2	2
2	2
2	2
2	2
2	2
2	2
2	2
2	2
2	2
2	2
2	2
2	2
2	2
1	2
1	2
1	2
1	2
1	2

1-Fumante; 2-Não Fumante; 1-Desenvolveu a doença e 2-Não Desenvolveu a doença

Solução:

Tabela 1
Tabela de Contingência

Hábito de fumar * Desenvolvimento de tumor maligno Crosstabulation

			Desenvolvimento de tumor maligno		
			Desenvolveu a doença	Não Desenvolveu a doença	Total
Hábito de fumar	Fumante	Count	43	5	48
		Expected Count	25.0	23.0	48.0
	Não Fumante	Count	9	43	52
		Expected Count	27.0	25.0	52.0
Total		Count	52	48	100
		Expected Count	52.0	48.0	100.0

Entre os fumantes, a grande maioria desenvolveu tumor maligno. Entre os não fumantes, a minoria não desenvolveu tumor maligno. Esses resultados evidenciam que deve haver associação entre o hábito de fumar e o desenvolvimento de tumor maligno. Veremos se estes resultados são significantes pelo Teste do Qui-Quadrado.

Tabela 2
Teste do Qui-Quadrado

Chi-Square Tests

	Value	df	Asymp. Sig. (2-sided)	Exact Sig. (2-sided)	Exact Sig. (1-sided)
Pearson Chi-Square	52.238[b]	1	**.000**		
Continuity Correction[a]	49.382	1	.000		
Likelihood Ratio	58.476	1	.000		
Fisher's Exact Test				.000	.000
Linear-by-Linear Association	51.715	1	.000		
N of Valid Cases	100				

a. Computed only for a 2x2 table

b. 0 cells (.0%) have expected count less than 5. The minimum expected count is 23. 04.

Decisão:

Valor-p=0,000<0,05, rejeita-se H_0. Hábito de fumar está associado, de alguma forma, ao desenvolvimento de tumor maligno.

Aplicação 2:

Educadores acreditam quem lê é menos reprovado, isto é, o método de leitura está associado à repetência. Para comprovar ou não a hipótese, os pesquisadores selecionaram uma amostra de 60 estudantes e registraram quem lê e quem não lê e também quem repete e quem não repete.Teste pelo Qui-Quadrado se existe tal associação.

Método de Leitura x Repetência

Método de Leitura	Repetência
1	1
1	1
1	1
1	1
1	1
1	1
1	1
1	1
1	1
1	1
1	1
1	1
1	1
1	1
1	1
1	1
1	1
1	1
1	1
1	1
1	2
1	2
1	2
1	2
1	2
1	2
1	2
1	2
1	2
1	2
2	1
2	1

2	1
2	1
2	1
2	1
2	1
2	1
2	1
2	1
2	2
2	2
2	2
2	2
2	2
2	2
2	2
2	2
2	2
2	2
2	2
2	2
2	2
2	2
2	2
2	2
2	2
2	2
2	2
2	2

Nota: 1-Lê; 2-Não Lê, 1-Não Repete e 2- Repete

Solução:

Tabela 1
Tabela de Contingência

Método de Estudo * Repetência Crosstabulation

			Repetência		Total
			Não Repete	Repete	
Método de Estudo	Lê	Count	20	10	30
		Expected Count	15.0	15.0	30.0
	Não Lê	Count	10	20	30
		Expected Count	15.0	15.0	30.0
Total		Count	30	30	60
		Expected Count	30.0	30.0	60.0

Entre os que leem, a maior parte não é reprovada. Entre os que não leem, a maior parte é reprovada. Esses resultados evidenciam que deve haver associação entre o método de leitura e a repetência. Veremos se estes resultados são significantes pelo Teste do Qui-Quadrado.

Tabela 2
Teste do Qui-Quadrado

Chi-Square Tests

	Value	df	Asymp. Sig. (2-sided)	Exact Sig. (2-sided)	Exact Sig. (1-sided)
Pearson Chi-Square	6.667b	1	.010		
Continuity Correctiona	5.400	1	.020		
Likelihood Ratio	6.796	1	.009		
Fisher's Exact Test				.019	.010
Linear-by-Linear Association	6.556	1	.010		
N of Valid Cases	60				

a. Computed only for a 2x2 table

b. 0 cells (.0%) have expected count less than 5. The minimum expected count is 15. 00.

Decisão:

Valor-p=0,01<0,05, rejeita-se H_0. Método de leitura está associado, de alguma forma, à repetência.

Aplicação 3:

Recorre-se a este teste sempre que precisamos analisar a associação entre uma variável nominal e outra variável nominal ou ordinal. Neste caso pretendemos analisar se a situação escolar (estudante e trabalhador-estudante) está associada à classe etária. Qualquer uma das variáveis tem apenas duas categorias de resposta. A situação escolar é uma variável nominal e a variável classe etária é ordinal: dos 18 e 22 anos e dos 23 aos 60 anos. Os dados coletados de uma amostra de 60 alunos de uma faculdade se encontram na base de dados abaixo. Teste a independência das variáveis pelo Qui-quadrado.

Base Situação Escolar *Versus* Classe Etária

Situação escolar	Classe Etária
2	2
2	2
1	1
2	2
2	1
1	1
2	2
1	1
1	1
2	2
1	1
1	1
2	2
2	2
1	1
1	1
2	1
1	1
1	1
1	1
1	1
2	1
1	2
2	2
1	1
2	2
1	1
2	2
2	2
1	1
2	2
1	1
1	1
1	2
2	2
1	1
2	2

1	1
2	2
2	2
2	2
2	2
1	1
2	2
2	2
1	1
1	1
1	1
1	1
2	2
1	2
2	2
2	2
2	2
2	2
1	1
2	2
1	1
1	1
2	2

1-Estudante
2-Trabalhador-Estudante
1-18 a 22 anos
2-23 a 60 anos

Solução:

Tabela 1
Tabela de Contingência

Classe Etária * Situação Escolar Crosstabulation

			Situação Escolar		
			Estudante	Trabalhador-Estudante	Total
Classe Etária	18 a 22 anos	Count	27	3	30
		Expected Count	15.0	15.0	30.0
	23 a 60 anos	Count	3	27	30
		Expected Count	15.0	15.0	30.0
Total		Count	30	30	60
		Expected Count	30.0	30.0	60.0

Tabela 2
Teste do Qui-Quadrado

Chi-Square Tests

	Value	df	Asymp. Sig. (2-sided)	Exact Sig. (2-sided)	Exact Sig. (1-sided)
Pearson Chi-Square	38.400[b]	1	.000		
Continuity Correction[a]	35.267	1	.000		
Likelihood Ratio	44.168	1	.000		
Fisher's Exact Test				.000	.000
Linear-by-Linear Association	37.760	1	.000		
N of Valid Cases	60				

a. Computed only for a 2x2 table

b. 0 cells (.0%) have expected count less than 5. The minimum expected count is 15. 00.

Tabela 3
Coeficiente de Contingência

Symmetric Measures

		Value	Approx. Sig.
Nominal by Nominal	Contingency Coefficient	.625	.000
N of Valid Cases		60	

a. Not assuming the null hypothesis.

b. Using the asymptotic standard error assuming the null hypothesis.

A tabela 2 apresenta o valor do teste e a significância associada. Esta permite concluir que existe uma associação significativa da situação escolar com a idade, já que $p \leq 0,05$. Quando analisamos a tabela 1, podemos notar que existem posições opostas exatamente iguais dos casos de ***estudante x classe etária 18-22 anos e trabalhador-estudante x classe etária de 23 a 60 anos*** e as frequências esperadas para que as variáveis fossem independentes estão bem distantes dos casos observados. O grau de correlação entre as variáveis no teste do qui-quadrado pode ser estimado pelo chamado ***coeficiente de contingência (C)***, que neste estudo se revela de 0,625 e com significância estatística. Este evidencia um médio grau de associação.

Capítulo 10

Odds Ratio ou Razão de Chance

10.1 Conceito

Em pesquisa quantitativa, é usualmente necessário medirmos a relação existente entre duas variáveis. Na área não paramétrica, por exemplo, uma das medidas de associação utilizada em tabelas de contingência 2x2 é a razão de chances (*odds ratio*), Ψ, uma medida de associação entre duas variáveis dicotômicas.

O coeficiente de associação Ψ (*odds ratio*) expressa o número de vezes em que a presença do fator aumenta a chance de ocorrência do efeito, comparado com a ausência do fator.

10.2 Coeficiente de *Yule:*

É possível expressar a medida de associação em termos de uma medida de correlação, isto é, em termos de um coeficiente de correlação como uma medida de relação. *Yule* propôs uma transformação do coeficiente de associação Ψ em um coeficiente de correlação variando no intervalo [-1; 1], coeficiente de Yule (Q).

A medida de associação Q não é uma medida direta disponível no SPSS. Quando tivermos duas variáveis dicotômicas, a estatística "Gamma", disponível no SPSS, se iguala ao coeficiente de Yule (Q).

O SPSS também fornece o teste de significância do coeficiente de Yule pelo valor-p, o que nos permite sempre testar se este é fruto de erro amostral ou se é um fato real de associação.

10.3 Sequência de Passos no SPSS para o Odds Ratio e Coeficiente de Yule

1. DESCRIPTIVE STATISTIC;
2. CROSSTABS;
3. *SELECIONAR AS VARIÁVEIS A COMPARAR E COLOCÁ-LAS NA LISTA DAS LINHAS E OUTRA NA LISTA DAS COLUNAS: EM ROW(S) INSERIR O FATOR E EM COLUMN(S) INSERIR O EFEITO;*
4. CELL: EM PERCENTAGES, MARCAR ROW E CLICAR CONTINUE;
5. EM STATISTIC, MARCAR GAMMA E RISK;
6. OK

10.4 Aplicações

Aplicação 1:

Suponha que haja duas variáveis, desenvolvimento de tumor maligno (desenvolveu ou não desenvolveu) e hábito de fumar (fumante ou não fumante) e considere uma amostra aleatória (casual) de 100 adultos descrita na base de dados abaixo. Note que as classes de cada variável são independentes, ou seja, uma pessoa não pode ser fumante e não fumante ao mesmo tempo, e similar ocorre com o desenvolvimento de câncer. Se pretender investigar se as variáveis estudadas têm alguma associação. Calcule a Odds Ratio e o Coeficiente de Yule e interprete os resultados.

Base Hábito de Fumar e Desenvolvimento de Tumor Maligno (Câncer)

Hábito de fumar	Desenvolvimento de tumor maligno
1	1
1	1
1	1
1	1
1	1
1	1
1	1
1	1
1	1
1	1
1	1
1	1
1	1
1	1
1	1
1	1
1	1
1	1
1	1
1	1
1	1
1	1
1	1
1	1
1	1
1	1
1	1
1	1

1	1
1	1
1	1
1	1
1	1
1	1
1	1
1	1
1	1
1	1
1	1
1	1
1	1
1	1
1	1
2	1
2	1
2	1
2	1
2	1
2	1
2	1
2	1
2	1
2	2
2	2
2	2
2	2
2	2
2	2
2	2
2	2
2	2
2	2
2	2
2	2
2	2
2	2
2	2
2	2

2	2
2	2
2	2
2	2
2	2
2	2
2	2
2	2
2	2
2	2
2	2
2	2
2	2
2	2
2	2
2	2
2	2
2	2
2	2
2	2
2	2
2	2
2	2
2	2
2	2
2	2
2	2
1	2
1	2
1	2
1	2
1	2

1-Fumante; 2-Não Fumante; 1-Desenvolveu a doença e 2-Não Desenvolveu a doença

Solução:

Tabela 1
Odds Ratio ou Razão de Chance

Risk Estimate

	Value	95% Confidence Interval	
		Lower	Upper
Odds Ratio for Hábito de fumar (Fumante / Não Fumante)	**41**	13	133
For cohort Desenvolvimento de tumor maligno = Desenvolveu a doença	5	3	9
For cohort Desenvolvimento de tumor maligno = Não Desenvolveu a doença	0	0	0
N of Valid Cases	100		

Quem fuma, tem 41 vezes mais chances de desenvolver câncer do que quem não fuma.

Tabela 2
Coeficiente de Yule

Symmetric Measures

		Value	Asymp. Std. Error[a]	Approx. T[b]	Approx. Sig.
Ordinal by Ordinal	Gamma	**.95**	.03	10.51	**.000**
N of Valid Cases		100.00			

a. Not assuming the null hypothesis.

b. Using the asymptotic standard error assuming the null hypothesis.

Q=0,95, existe uma forte associação entre hábitos de fumar e desenvolvimento de tumor maligno, isto é, câncer.

Teste de Significância do Coeficiente de Yule

Decisão:

Valor-p=0,000<0,05, rejeita-se a hipótese nula de que o coeficiente de Yule é igual a zero.Portanto, **Q=0,95** é significante estatisticamente e ratifica-se a evidência de que existe uma forte associação entre hábitos de fumar e desenvolvimento de tumor maligno.

Aplicação 2:

Educadores acreditam que quem lê é menos reprovado, isto é, o método de leitura está associado à repetência. Para comprovar ou não a hipótese, os pesquisadores selecionaram uma amostra de 60 estudantes e registraram quem lê e não lê e também quem foi reprovado e quem não foi. Teste a associação pelo Coeficiente de Yule.

Método de Leitura x Repetência

Método de Leitura	Repetência
1	1
1	1
1	1
1	1
1	1
1	1
1	1
1	1
1	1
1	1
1	1
1	1
1	1
1	1
1	1
1	1
1	1
1	1
1	1
1	1
1	2
1	2
1	2
1	2
1	2
1	2

1	2
1	2
1	2
1	2
2	1
2	1
2	1
2	1
2	1
2	1
2	1
2	1
2	1
2	1
2	2
2	2
2	2
2	2
2	2
2	2
2	2
2	2
2	2
2	2
2	2
2	2
2	2
2	2
2	2
2	2
2	2
2	2
2	2
2	2

Nota: 1-Lê; 2-Não Lê, 1-Não Repete e 2- Repete

Solução:

Tabela 1
Odds Ratio ou Razão de Chance

Risk Estimate

	Value	95% Confidence Interval	
		Lower	Upper
Odds Ratio for Método de Estudo (Lê / Não Lê)	**4**	1	12
For cohort Repetência = Não Repete	2	1	4
For cohort Repetência = Repete	4	0	1
N of Valid Cases	60		

O coeficiente de associação Ψ (*odds ratio*) expressa o número de vezes em que a presença do fator (no exemplo leitura) aumenta a chance de ocorrência da repetência, comparado com a ausência do fator.

No exemplo, **Ψ= 4** indica que quem lê pode ter 4 vezes mais chances de ter não repeti, comparado com quem não lê, em literatura.

Tabela 2
Coeficiente de Yule

Symmetric Measures

		Value	Asymp. Std. Error[a]	Approx. T[b]	Approx. Sig.
Ordinal by Ordinal	Gamma	**.60**	.175	2.739	**.006**
N of Valid Cases		60			

a. Not assuming the null hypothesis.

b. Using the asymptotic standard error assuming the null hypothesis.

No exemplo acima, **Q= 0,60**, ou seja, pode existir uma correlação positiva média (0,60) entre leitura e repetência em literatura.

Teste de Significância do Coeficiente de Yule

Decisão:

Valor-p=0,006<0,05, rejeita-se a hipótese nula de que o coeficiente de Yule é igual a zero. Portanto, **Q=0,60** é significante estatisticamente e ratifica-se a evidência de que existe uma média na associação entre método de leitura e repetência.

Aplicação 3:

Segundo hipótese, educadores afirmam que alunos que tenham sua atenção incentivada, verbalmente, pelo professor têm maior rendimento da aprendizagem intelectual do que alunos que não tenham recebido incentivos verbais por parte do professor. Foram analisadas duas amostras de alunos, das quais a primeira recebeu incentivos de aprovação social, como estímulo da atenção e a segunda não. Os resultados constam da base de dados abaixo. Calcule a razão de chance e interprete o resultado. Calcule o coeficiente de associação de Yule e interprete o resultado.

Base Incentivos Verbais X Rendimento do Aluno

Incentivos Verbais	Rendimento
1	1
1	1
1	1
1	1
1	1
1	1
1	1
1	1
1	1
1	1
1	1
1	1
1	1
1	1
1	1
1	1
1	1
1	1
1	1
1	1
1	1
1	1
1	1
1	1
1	1
1	1
1	1
1	1

1	1
1	1
1	1
1	1
1	1
1	1
1	1
1	1
1	1
1	1
1	1
1	1
1	1
1	1
1	1
1	1
1	1
1	1
1	1
1	1
1	1
1	1
1	2
1	2
1	2
1	2
1	2
1	2
1	2
1	2
1	2
1	2
2	1
2	1
2	1
2	1
2	1
2	1
2	1
2	1

2	1
2	1
2	1
2	1
2	1
2	1
2	1
2	1
2	1
2	1
2	1
2	1
2	2
2	2
2	2
2	2
2	2
2	2
2	2
2	2
2	2
2	2
2	2
2	2
2	2
2	2
2	2
2	2
2	2
2	2
2	2
2	2
2	2
2	2
2	2
2	2
2	2
2	2
2	2
2	2

2	2
2	2
2	2
2	2
2	2
2	2
2	2
2	2
2	2
2	2
2	2
2	2

1-Recebe Incentivos Verbais, 2-Não Recebeu Incentivos Verbais; 1-Aumentou o Rendimento Escolar e 2-Não Aumentou o Rendimento Escolar

Solução:

Tabela 1
Odds Ratio ou Razão de Chance

Risk Estimate

	Value	95% Confidence Interval Lower	95% Confidence Interval Upper
Odds Ratio for Incentivos Verbais (Recebeu(+) / Não Recebeu(-))	10.000	4.208	23.762
For cohort Rendimento = Aumentou(+)	2.500	1.718	3.639
For cohort Rendimento = Não Aumentou(-)	.250	.138	.453
N of Valid Cases	120		

Quem recebe incentivos verbais tem 10 vezes mais chances de aumentar seus rendimentos do que quem não recebe.

Tabela 2
Coeficiente de Yule

Symmetric Measures

		Value	Asymp. Std. Error[a]	Approx. T[b]	Approx. Sig.
Ordinal by Ordinal	Gamma	.818	.073	6.445	.000
N of Valid Cases		120			

a. Not assuming the null hypothesis.

b. Using the asymptotic standard error assuming the null hypothesis.

No exemplo acima, **Q=0,818**, ou seja, existe uma correlação positiva forte entre incentivos verbais e rendimento do aluno.

Teste de Significância do Coeficiente de Yule

Decisão:

Valor-p=0,006<0,05, rejeita-se a hipótese nula de que o coeficiente de Yule é igual a zero. Portanto, **Q=0,818** é significante estatisticamente e ratifica-se a evidência de que existe uma média na associação entre incentivos verbais e rendimento. A realização da pesquisa demonstrou que a utilização de incentivos verbais, por parte do professor, durante aulas expositivas é fator favorável ao aumento do rendimento da aprendizagem intelectual dos alunos.

Aplicação 4:

A base de dados abaixo representa uma relação de perfis no Facebook com adição de amigos conhecidos e com adição de amigos desconhecidos e aqueles com perfil bloqueado e não bloqueado. Calcule a Razão de Chance e o Grau de Associação de Yule.

Base Adição de Amigos Conhecidos e Desconhecidos X Facebooks Não Bloqueados e Bloqueados

Adição de Amigos	Facebooks Não Bloqueados e Bloqueados
1	1
1	1
1	1
1	1
1	1
1	1
1	1
1	1
1	1
1	1
1	1
1	1
1	1
1	1
1	1
1	1
1	1
1	1
1	1
1	1
1	1
1	1

1	1
1	1
1	1
1	1
1	1
1	1
1	1
1	1
1	1
1	1
1	1
1	1
1	1
1	1
1	1
1	1
1	1
1	1
1	1
1	1
1	1
1	1
1	1
1	2
1	2
1	2
1	2
1	2
1	2
1	2
1	2
1	2
1	2
2	1
2	1
2	1
2	1
2	1
2	1
2	1

2	1
2	1
2	1
2	2
2	2
2	2
2	2
2	2
2	2
2	2
2	2
2	2
2	2
2	2
2	2
2	2
2	2
2	2
2	2
2	2
2	2
2	2

1-Adição de Amigos Conhecidos; 2-Adição de Amigos Desconhecidos, 1-Facebook Não Bloqueado e 2-Facebook Bloqueado.

Solução:

Tabela 1
Odds Ratio ou Razão de Chance

Risk Estimate

	Value	95% Confidence Interval Lower	Upper
Odds Ratio for Adição de Amigos no Facebook (Adição de Amigos Conhecidos / Adição de Amigos Desconhecidos)	9.000	3.237	25.024
For cohort Facebooks Bloqueados = Facebook Não Bloqueado	2.455	1.458	4.133
For cohort Facebooks Bloqueados = Facebook Bloqueado	.273	.147	.504
N of Valid Cases	85		

Quem adiciona amigos conhecidos tem 9 vezes mais chances de ter seu perfil no Facebook não bloqueado de quem adiciona amigos desconhecidos.

Tabela 2
Coeficiente de Yule

Symmetric Measures

		Value	Asymp. Std. Error[a]	Approx. T[b]	Approx. Sig.
Ordinal by Ordinal	Gamma	.800	.094	4.590	.000
N of Valid Cases		85			

a. Not assuming the null hypothesis.

b. Using the asymptotic standard error assuming the null hypothesis.

No exemplo acima, **Q= 0,80**, ou seja, existe uma correlação positiva forte entre o nível de conhecimento de quem se adiciona no Facebook e seu bloqueio.

Teste de Significância do Coeficiente de Yule

Decisão:

Valor-p=0,006<0,05, rejeita-se a hipótese nula de que o coeficiente de Yule é igual a zero. Portanto, **Q=0,80** é significante estatisticamente e ratifica-se a evidência de que adicionar desconhecidos no Facebook aumenta a probabilidade de seu bloqueio.

Aplicação 5:

Abaixo temos uma amostra recente que expressa a relação de vacinados e não vacinados contra a gripe H1N1 e desenvolvimento e não desenvolvimento da doença. Calcule a Odds Ratio do estudo e o grau de associação do fator com o efeito pelo coeficiente de Yule.

Base Relação de Vacinados e Não Vacinados contra a Gripe H1N1 e Desenvolvimento e Não Desenvolvimento da Doença

Vacinação	H1N1
1	1
1	1
1	1
1	1
1	1
1	1
1	1
1	1

1	1
1	1
1	2
2	1
2	1
2	1
2	1
2	1
2	2
2	2
2	2
2	2
2	2

1-Vacinado; 2-Não Vacinado; 1-Não Pegou H1N1; 2-Pegou H1N1

Solução:

Tabela 1
Odds Ratio ou Razão de Chance

Risk Estimate

	Value	95% Confidence Interval	
		Lower	Upper
Odds Ratio for Vacinação (Vacinado / Não Vacinado)	**10.0**	.907	110.282
For cohort H1N1 = Não Pegou H1N1	1.818	.952	3.474
For cohort H1N1 = Pegou H1N1	.182	.025	1.302
N of Valid Cases	21		

Quem é vacinado tem 10 vezes mais chances de não pegar H1N1 do que quem não é vacinado.

Tabela 2
Coeficiente de Yule

Symmetric Measures

		Value	Asymp. Std. Error[a]	Approx. T[b]	Approx. Sig.
Ordinal by Ordinal	Gamma	.818	.202	2.266	.023
N of Valid Cases		21			

a. Not assuming the null hypothesis.

b. Using the asymptotic standard error assuming the null hypothesis.

No exemplo acima, **Q= 0,818**, ou seja, existe uma correlação positiva forte entre tomar a vacina e ter H1N1.

Teste de Significância do Coeficiente de Yule

Decisão:

Valor-p=0,023<0,05, rejeita-se a hipótese nula de que o coeficiente de Yule é igual a zero. Portanto, **Q=0,818** é significante estatisticamente e ratifica-se a evidência de que tomar vacina evita a contaminação por H1N1.

Aplicação 6:

Um levantamento realizado pela Universidade do Estado de Michigan, dos EUA, apontou que pessoas consideradas feias pelos colegas têm mais chance de serem tratadas mal no ambiente de trabalho. O estudo feito com 114 funcionários de uma empresa da área da Saúde mostrou que profissionais considerados bonitos são mais bem tratados, mesmo levando em conta fatores como gênero, idade e tempo de trabalho na companhia. Mas, afinal, a beleza realmente influência as relações do mundo corporativo? Para responder a esta questão, foi feito um estudo inicial da relação Pessoas Bonitas e Feias com seu Tratamento Bem ou Mal em algumas organizações, resultando uma amostra de 100 pessoas. Os resultados constam da tabela abaixo.

Base-Afinal Beleza Influência o Trabalho?

Pessoas	Tratamento
1	1
1	1
1	1
1	1
1	1
1	1
1	1
1	1
1	1
1	1

1	1
1	1
1	1
1	1
1	1
1	1
1	1
1	1
1	1
1	1
1	1
1	1
1	1
1	1
1	1
1	1
1	1
1	1
1	1
1	1
1	1
1	1
1	1
1	1
1	1
1	1
1	1
1	1
1	1
1	1
1	1
1	1
1	1
1	1
1	1
1	1
1	1
1	1
1	1
1	1

1	2
1	2
1	2
1	2
1	2
1	2
1	2
1	2
1	2
1	2
2	1
2	1
2	1
2	1
2	1
2	1
2	1
2	1
2	1
2	1
2	2
2	2
2	2
2	2
2	2
2	2
2	2
2	2
2	2
2	2
2	2
2	2
2	2
2	2
2	2
2	2
2	2
2	2
2	2
2	2

2	2
2	2
2	2
2	2
2	2
2	2
2	2
2	2
2	2
2	2

1-Pessoa Bonita; 2-Pessoa Feia; 1-Tratada Bem e 2-Tratada Mal.

Solução:

Tabela 1
Odds Ratio ou Razão de Chance

Risk Estimate

	Value	95% Confidence Interval	
		Lower	Upper
Odds Ratio for Pessoas (Bonita / Feia)	15.000	5.593	40.227
For cohort Tratamento = Tratada Bem	3.333	1.926	5.769
For cohort Tratamento = Tratada Mal	.222	.123	.402
N of Valid Cases	100		

Quem é bonito tem 15 vezes mais chances de ser tratado bem do que quem é feio.

Tabela 2
Coeficiente de Yule

Symmetric Measures

		Value	Asymp. Std. Error[a]	Approx. T[b]	Approx. Sig.
Ordinal by Ordinal	Gamma	.875	.059	6.705	.000
N of Valid Cases		100			

a. Not assuming the null hypothesis.

b. Using the asymptotic standard error assuming the null hypothesis.

No exemplo acima, **Q= 0,875**, ou seja, existe uma correlação positiva forte entre aparência e tratamento no trabalho, o que evidencia que a beleza realmente influencia as relações do mundo corporativo. É fortemente recomendável testar a significância deste resultado.

Teste de Significância do Coeficiente de Yule

Decisão:

Valor-p=0,000<0,05, rejeita-se a hipótese nula de que o coeficiente de Yule é igual a zero. Portanto, **Q=0,875** é significante estatisticamente e ratifica-se a evidência de que a beleza realmente influencia as relações do mundo corporativo.

Apesar de a beleza ter certa influência no meio empresarial, é importante ressaltar que nada substitui as competências profissionais. Dar muito peso para vestimenta, maquiagens e outros recursos estéticos podem encobrir o que realmente é importante para a organização, que é o desempenho de seu funcionários e a entrega de resultados.

Capítulo 11

Teste de Mann-Whitney

11.1 Conceito

O teste de Mann-Whitney é a alternativa mais comum aos testes t para amostras independentes.

O teste Mann-Whitney verifica se duas populações são iguais ou se duas amostras independentes provêm de uma mesma população.

Pode utilizar-se este teste para aceitar a hipótese nula que afirma que as médias da população são as mesmas para os dois grupos.

Para isso, é necessário que a forma das distribuições seja a mesma para os dois grupos, ou seja, que a variância da variável em estudo seja a mesma nos dois grupos: que haja homocedasticidade.

11.2 Sequência de Passos no SPSS para o Teste de Mann-Whitney

1. ANALYZE;
2. NONPARAMETRIV TESTS;
3. 2 INDEPENDENT SAMPLES;
4. SELECIONAR UMA OU MAIS VARIÁVEIS PARA A LISTA DE VARIÁVEIS DE TESTE;
5. SELECIONAR A VARIÁVEL QUE DEFINE OS GRUPOS PARA GROUPING VARIABLE. CLICAR EM DEFINE GROUPS E INDICAR OS CÓDIGOS DOS GRUPOS;
6. EM TEST TYPE, ESCOLHER O TESTE DE MANN-WHITNEY U;
7. OK.

11.3 Aplicações

Aplicação 1:

Um gerente de pessoal de uma empresa colheu uma amostra de 30 funcionários para saber se na empresa, homens e mulheres que desempenham a mesma função têm salários diferenciados e se os homens ganham mais, em média, que as mulheres. A base de dados segue abaixo. Realize o Teste de Mann-Whitney e verifique se as suposições do analista têm fundamento.

Base Salários dos Homens e Mulheres que Desempenham a mesma Função numa Empresa

Grupo	Salários
1	2397.15
1	2138.46
1	2326.56
1	1799.84
1	1696.11
1	2022.00
1	1860.55
1	2564.75
1	1538.22
1	2873.29
1	1809.82
1	2300.70
1	1800.49
1	1511.08
1	2924.60
2	1028.12
2	1393.10
2	1453.01
2	1909.84
2	1327.03
2	1621.29
2	1774.41
2	1586.43
2	1398.96
2	1027.46
2	1907.93
2	1275.61
2	1023.76
2	1990.59
2	961.28
2	1375.88

1-Salário dos homens e 2- Salário das mulheres

Solução:

Tabela 1
Médias dos Postos

Ranks

	Grupos	N	Mean Rank	Sum of Ranks
Salários	Salário dos Homens	15	22.13	332.00
	Salário das Mulheres	16	10.25	164.00
	Total	31		

Pelo que se observa da tabela 1, a média dos postos são diferentes, o que evidencia que os homens não têm em média os mesmo salários que as mulheres.

Tabela 2
Teste de Mann-Whitney

Test Statistics[b]

	Salários
Mann-Whitney U	28.000
Wilcoxon W	164.000
Z	-3.637
Asymp. Sig. (2-tailed)	**.000**
Exact Sig. [2*(1-tailed Sig.)]	.000[a]

a. Not corrected for ties.

b. Grouping Variable: Grupos

Decisão:

Valor-p=0,000<0,05, rejeita-se a hipótese nula de que as médias da população são as mesmas para os dois grupos. A diferença de médias é significante e os homens devem ganhar mais que as mulheres. As suposições do gerente de pessoal têm fundamento.

Aplicação 2:

A base de dados a seguir se refere ao valor da parcela de crédito consignado para aqueles funcionários que só têm um desconto em folha deste tipo de empréstimo. O grupo 1 é o de funcionários da iniciativa privada e o grupo 2 são os funcionários públicos. Teste a diferença de médias entre os dois grupos utilizando o Teste de Mann-Whitney.

Base Valor da Parcela de Crédito Consignado para Funcionários Privados e Públicos

Grupo	Valor da Parcela
1	29.00
1	39.00
1	60.00
1	78.00
1	82.00
1	112.00
1	125.00
1	126.00
1	142.00
1	156.00
2	170.00
2	192.00
2	224.00

2	228.00
2	245.00
2	246.00
2	263.00
2	275.00
2	276.00
2	286.00

1-Funcionário Privados e 2- Funcionário Públicos

Solução:

Tabela 1
Médias dos Postos

Ranks

	Grupos	N	Mean Rank	Sum of Ranks
Valordaparcela	Funcionários Privados	10	5.50	55.00
	Funcionários Públicos	10	15.50	155.00
	Total	20		

Pelo que se observa na tabela 1, a média dos postos são diferentes, o que evidencia que o valor médio das parcelas do crédito consignado não é a mesma para funcionários privados e públicos.

Tabela 2
Teste de Mann-Whitney

Test Statistics[b]

	Valordaparcela
Mann-Whitney U	.000
Wilcoxon W	55.000
Z	-3.780
Asymp. Sig. (2-tailed)	**.000**
Exact Sig. [2*(1-tailed Sig.)]	.000[a]

a. Not corrected for ties.

b. Grouping Variable: Grupos

Decisão:

Valor-p=0,000<0,05, rejeita-se a hipótese nula de que as médias da população são as mesmas para os dois grupos. A diferença de médias é significante e o valor médio das parcelas do crédito consignado não é o mesmo para funcionários privados e públicos.

Aplicação 3:

Os dados abaixo se referem ao número de votos a favor e contra o impedimento da presidente da república no Congresso Nacional em 2016 por estado da federação. Realize o Teste de Mann-Whitney e infira se a diferença de votos entre os grupos é significante estatisticamente.

Base Votos a Favor e Votos Contra no Congresso Nacional acerca da Admissibilidade do Impedimento da Presidente Dilma em 2016.

Votou a Favor	Votou Contra
57	13
41	12
34	11
15	22
22	8
26	4
18	6
9	11
10	8
10	6
16	1
14	2
9	3
5	5
8	2
6	3
6	2
6	2
7	1
8	0
7	1
6	2
5	3
7	1
3	4
8	0
4	4

Solução:

Primeiramente vamos indicar os histogramas dos votos a favor e contra ao impedimento da presidente da república em 2016 pelos estados da federação.

Votos a Favor:

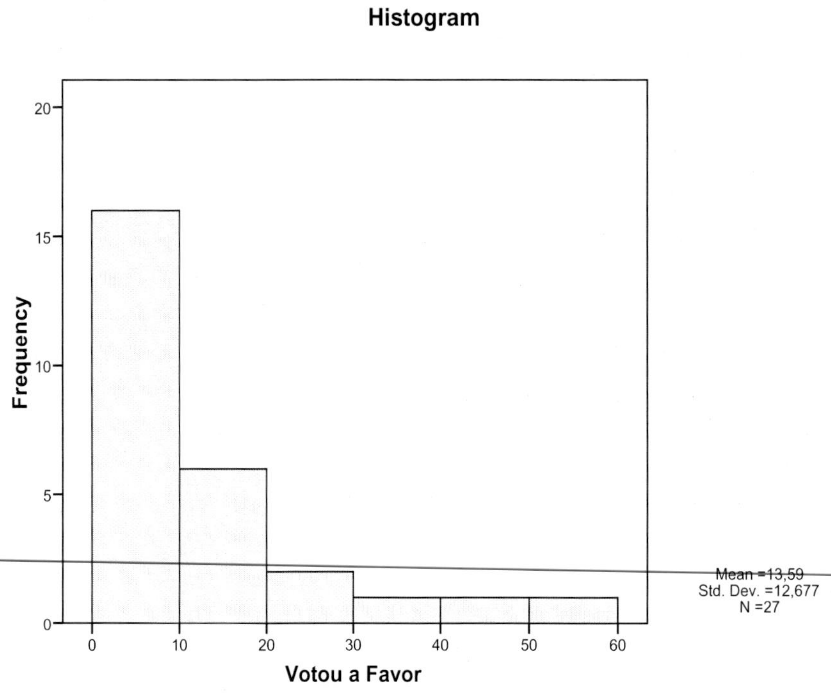

Pelo observado pelo histograma, os votos a favor por estado não seguem a distribuição normal.

Votos Contra:

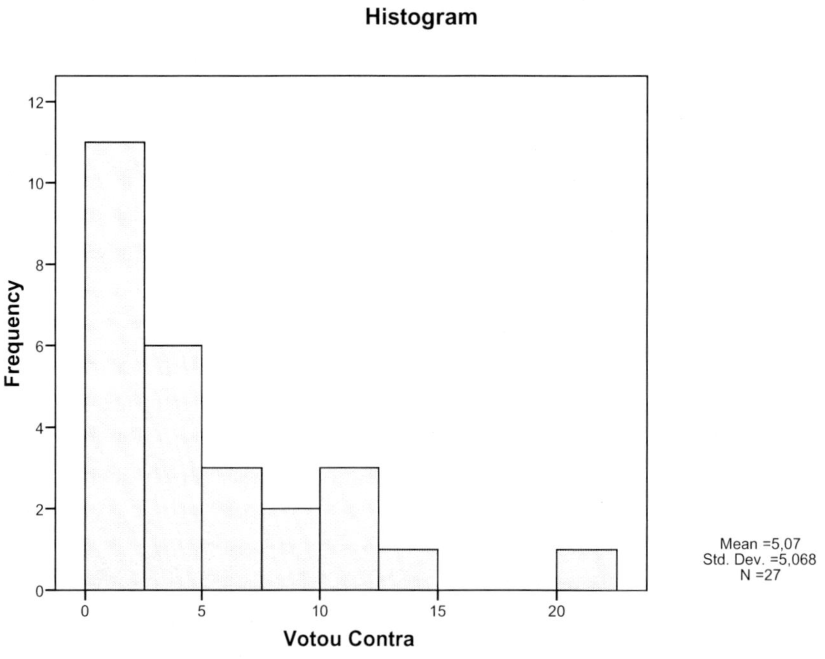

Pelo observado pelo histograma, os votos contra por estado não seguem a distribuição normal.
Estes resultados justificam a aplicação do teste não paramétrico para a significância da diferença dos grupos.

Tabela 1
Médias dos Postos

Ranks

	Grupos	N	Mean Rank	Sum of Ranks
Votos	Votos a Favor	27	35.80	966.50
	Votos Contra	27	19.20	518.50
	Total	54		

Pelo que se observa na tabela 1, a média dos postos são diferentes, o que evidencia que os votos a favor e contra o impedimento da presidente são diferentes nos dois grupos.

Tabela 2
Teste de Mann-Whitney

Test Statistics[a]

	Votos
Mann-Whitney U	140.500
Wilcoxon W	518.500
Z	-3.884
Asymp. Sig. (2-tailed)	.000

a. Grouping Variable: Grupos

Decisão:

Valor-p=0,000<0,05, rejeita-se a hipótese nula de que as médias da população são as mesmas para os dois grupos. A diferença de médias é significante e o valor médio o valor médio dos votos a favor é diferente dos votos contra o impedimento pelo Congresso Nacional.

Aplicação 4:

A deficiência hídrica influencia todos os aspectos do crescimento das plantas, provocando mudanças em sua anatomia, fisiologia e bioquímica, sendo que os efeitos dependem do tipo de planta e do grau e duração da deficiência hídrica. Uma diminuição no potencial hídrico afetará certos processos da planta mais do que outros. Os primeiros a serem afetados por moderada deficiência de água são a divisão e a expansão celular, especialmente a expansão que pode ser retardada ou interrompida. Desta forma, o crescimento das folhas e caules diminui bem antes do estresse hídrico tornar-se severo a ponto de causar o fechamento dos estômatos e uma diminuição na fotossíntese. O efeito do estresse hídrico reduz a taxa de crescimento das gramíneas tropicais. Para comprovar cientificamente tal teoria, um engenheiro florestal observou o desenvolvimento de100 gramíneas tropicais, sendo 50 em ambientes úmidos e 50 em ambientes secos. As taxas de crescimento (em %) estão descritas na base de dados abaixo.

Base Efeito da Água sobre o Crescimento e o Valor Nutritivo das Plantas Tropicais

Grupos	Taxas de Crescimento(%)
1	98
1	80
1	81
1	100
1	97
1	95
1	82
1	93
1	94
1	85
1	97
1	97
1	88
1	97
1	84
1	82
1	89
1	89
1	89
1	92
1	99
1	98
1	99
1	80
1	85
1	84
1	94
1	93
1	81
1	89
1	90
1	84
1	89
1	82
1	80
1	97
1	90

1	90
1	88
1	82
1	96
1	95
1	95
1	84
1	91
1	83
1	98
1	90
1	89
1	98
2	39
2	3
2	31
2	16
2	17
2	16
2	54
2	66
2	62
2	3
2	59
2	3
2	40
2	6
2	38
2	68
2	25
2	35
2	54
2	2
2	2
2	35
2	33
2	52
2	37
2	37
2	54

2	47
2	59
2	51
2	6
2	64
2	48
2	29
2	29
2	38
2	49
2	65
2	3
2	18
2	47
2	17
2	39
2	51
2	56
2	45
2	36
2	65
2	52
2	25

1-Ambiente Úmido e 2-Seco

Solução:

Tabela 1
Médias dos Postos

Ranks

	Grupos	N	Mean Rank	Sum of Ranks
Taxas de Crescimento	Ambiente Úmido	50	75.50	3775.00
	Ambiente Seco	50	25.50	1275.00
	Total	100		

Pelo que se observa na tabela 1, as médias dos postos são bastante diferentes em ambientes úmidos e secos, o que evidencia que a água tem efeito sobre o crescimento das plantas.

Tabela 2
Teste de Mann-Whitney

Test Statistics[a]

	Taxas de Crescimento
Mann-Whitney U	.000
Wilcoxon W	1275.000
Z	-8.621
Asymp. Sig. (2-tailed)	.000

a. Grouping Variable: Grupos

Decisão:

Valor-p=0,000<0,05, rejeita-se a hipótese nula de que as médias da população são as mesmas para os dois grupos. A diferença de médias é significante. A deficiência hídrica influencia todos os aspectos do crescimento das plantas, provocando mudanças em sua anatomia, fisiologia e bioquímica, sendo que os efeitos dependem do tipo de planta e do grau e duração da deficiência hídrica.

Aplicação 5:

Os mais belos são mais bem-sucedidos? Uma pesquisa feita na Austrália, divulgada pelo jornal espanhol El País, mostrou que homens considerados mais atraentes ganham até US$ 30 mil/ano a mais do que os homens que são considerados pouco atraentes.

Isto prova que não são apenas as competências técnicas que contam para o sucesso profissional. Além das tão valorizadas habilidades pessoais, a beleza e o cuidado com o corpo e o visual já contam bastante também para os homens. Para saber se a questão tem fundamento científico, um pesquisador fez um levantamento dos salários de 40 homens considerados atraentes (bonitos) e 40 homens considerados não atraentes (feios). Os resultados estão na base de dados abaixo. Teste por Mann-Whitney se as duas populações de salários são iguais.

Base Aparência x Salários

Aparência	Salário (R$)
1	8882
1	7670
1	4703
1	6569
1	4548
1	4611
1	9237
1	3105
1	6265
1	4935

1	5853
1	3985
1	8510
1	4350
1	5002
1	8058
1	6151
1	8135
1	5631
1	9899
1	5483
1	9575
1	6188
1	9813
1	9787
1	9583
1	4363
1	3010
1	6047
1	9961
1	4934
1	5846
1	6309
1	7511
1	5031
1	3389
1	4683
1	4544
1	3405
1	5435
2	1521
2	2031
2	1761
2	1723
2	1957
2	1177
2	1517
2	2844
2	2950
2	1246

2	1440
2	1597
2	2506
2	1377
2	2249
2	1431
2	1951
2	2580
2	2102
2	1354
2	2603
2	2825
2	1519
2	1957
2	1023
2	2357
2	1377
2	2194
2	2576
2	1978
2	1440
2	1233
2	1527
2	1595
2	1960
2	1080
2	1765
2	2017
2	2719
2	1876

1-Homem Bonito; 2-Homem Feio.

Solução:

Tabela 1
Médias dos Postos

Ranks

	Aparência	N	Mean Rank	Sum of Ranks
Salário	Homem Bonito	40	60.50	2420.00
	Homem Feio	40	20.50	820.00
	Total	80		

Pelo que se observa da tabela 1, a média dos postos de homens mais atraentes (bonitos) é mais do que o dobro dos postos dos homens menos atraentes (feios). Há evidências de que o salário de homens mais atraentes é bem maior que a dos homens menos atraentes. O teste de Mann-Whitney verificará a significância desses resultados.

Tabela 2
Teste de Mann-Whitney

Test Statistics[a]

	Salário
Mann-Whitney U	.000
Wilcoxon W	820.000
Z	-7.698
Asymp. Sig. (2-tailed)	.000

a. Grouping Variable: Aparência

Decisão:

Valor-p=0,000<0,05, rejeita-se a hipótese nula de que as populações de salários são iguais. A diferença de médias de salários entre homens bonitos e feios é significante.

Capítulo 12

Teste de Kruskal-Walliss

12.1 Conceito

O teste de Kruskal-Wallis é uma alternativa ao teste ANOVA para um Fator. É calculado de forma semelhante ao teste de Mann-Whitney, com a diferença de que podem existir mais de dois grupos.

Os dados têm que provir de amostras independentes de populações com a mesma forma, que não necessita ser normal.

Antes de se aplicar um teste de Kruskal-Wallis, o analista deve verificar se a ANOVA paramétrica não pode ser empregada, realizando um teste de normalidade em um dos testes mencionados neste livro, por meio dos gráficos histograma, polígono de frequência e de probabilidade ou pelas assimetria e curtose. Neste caso,você terá que avaliar para cada grupo o grau de assimetria (*skewness*) e curtose (*kurtosis*). Valores que fogem muito do zero na assimetria ou muito abaixo ou acima de 2 na curtose em algum grupo, costumam ser indicativos da obrigatoriedade do teste de Kruskal-Wallis (não paramétrico e sem pressupostos) e da compararação dos resultados dos métodos. Da mesma forma, grupos com distribuição leptocúrtica ou platicúrtica também são indicações de rodar um Kruskal-Wallis.

Mantém-se, no entanto, o requisito das variâncias iguais para todos os grupos.

12.2 Sequência de Passos no SPSS para o Teste de Kruskal-Wallis

1. ANALYZE;
2. NONPARAMETRIV TESTS;
3. k INDEPENDENT SAMPLES;
4. SELECIONAR UMA OU MAIS VARIÁVEIS PARA A LISTA DE VARIÁVEIS DE TESTE;
5. SELECIONAR A VARIÁVEL QUE DEFINE OS GRUPOS PARA GROUPING VARIABLE. CLICAR DEFINE GROUPS E INDICAR OS CÓDIGOS DOS GRUPOS;
6. EM TEST TYPE, ESCOLHER O TESTE DE KRUSKAL-WALLIS;
7. OK.

12.3 Aplicações

Aplicação 1:

A base de dados a seguir se refere ao grau de satisfação (1 a 5) com as operadoras de telefonia celular de amostras de clientes das operadoras TIM, CLARO, VIVO e OI. Verifique a diferença de médias de satisfação entre as operadoras pelo Teste de Kruskal-Wallis.

Base Grau de Satisfação (1 a 5) com as Operadoras de Telefonia Celular

Grupos	Satisfação
1	3
1	1
1	3
1	5
1	5
1	5
1	1
1	3
1	4
1	2
1	2
1	1
1	1
1	2
1	2
1	1
1	2
1	2
1	3
1	2
1	2
1	2
1	5
1	3
1	3
1	2
1	5
1	4
1	5
2	2
2	5
2	1
2	4
2	4
2	5

2	3
2	2
2	4
2	2
2	4
2	1
2	2
2	1
2	2
2	3
2	3
2	2
2	5
2	1
2	2
2	1
2	5
2	1
2	2
2	4
2	4
2	4
2	4
2	1
2	2
3	4
3	4
3	2
3	3
3	3
3	4
3	3
3	2
3	5
3	4
3	3
3	4
3	4
3	2
3	2

3	4
3	1
3	1
3	4
3	4
3	5
3	5
3	5
3	3
3	3
3	4
3	3
3	2
3	1
3	4
4	4
4	4
4	3
4	2
4	5
4	3
4	2
4	2
4	2
4	2
4	2
4	4
4	4
4	2
4	5
4	1
4	4
4	3
4	3
4	2
4	2
4	4
4	4
4	4
4	4

4	5
4	3
4	4
4	5
4	2

1-TIM, 2-CLARO, 3-VIVO e 4-OI
1-Muito insatisfeito
2-Insatisfeito
3-Moderadamente Satisfeito
4-Satisfeito
5-Muito Satisfeito

Solução:

Tabela 1
Médias dos Postos

Ranks

	Grupos	N	Mean Rank
Satisfação com Operadoras	TIM	29	54.71
	CLARO	31	54.39
	VIVO	30	67.43
	OI	30	65.48
	Total	120	

Pelo que se observa da tabela 1, a média dos postos são semelhantes, o que evidencia que o valor médio das satisfações é a mesma entre as operadoras.

Tabela 2
Teste de Kruskal-Wallis

Test Statistics[a,b]

	Satisfação com Operadoras
Chi-Square	3.761
df	3
Asymp. Sig.	**.288**

a. Kruskal Wallis Test

b. Grouping Variable: Grupos

Decisão:

Valor-p=0,288>0,05, aceita-se a hipótese nula de que as médias da população são as mesmas para os quatro grupos. A diferença de médias não é significante e o valor médio das satisfações é a mesma para quatro operadoras.

Aplicação 2:

A base de dados abaixo se refere aos tempos de *downloads*, em segundo, no *smatphone* de 3 aplicativos de navegadores do internet: *Chrome*, *Explore* e o *Firefox*. Teste a diferença de médias dos tempos de *downloads* no *smartphone* dos 3 aplicativos de navegadores de internet pelo Teste de Kruskal-Wallis.

Base Tempos de *Downloads*, em segundo, no *Smartphone* de 3 Aplicativos de Navegadores do Internet

Grupos	Aplicativos de Internet
1	1.87
1	1.72
1	0.40
1	0.20
1	0.74
1	1.82
1	1.78
1	1.35
1	0.15
1	0.69
1	0.83
1	0.43
1	0.56
1	1.53
1	1.05
1	0.59
1	0.47
1	1.90
1	1.68
1	1.32
2	3.32
2	2.15
2	2.68
2	2.32
2	0.30
2	1.25
2	4.34
2	2.93
2	4.00
2	1.55
2	0.51
2	4.72
2	3.41

2	2.05
2	3.47
2	0.31
2	4.63
2	0.14
2	1.68
2	5.00
3	1.86
3	0.85
3	0.21
3	2.41
3	1.66
3	0.76
3	1.14
3	1.85
3	2.04
3	2.35
3	0.71
3	0.43
3	1.59
3	2.53
3	1.80
3	1.15
3	2.78
3	2.85
3	1.07
3	2.58

1-Chrome; 2-Explore e 3-Firefox

Solução:

Tabela 1
Médias dos Postos

Ranks

	Grupos	N	Mean Rank
Tempos de downloads de navegadores de Internet em smartphones	Chrome	20	20.75
	Explore	20	39.42
	Firefox	20	31.33
	Total	60	

Pelo que se observa da tabela 1, a média dos postos são diferentes, o que evidencia que o valor médio dos tempos de *downloads* no *smartphone* dos 3 aplicativos de navegadores de internet não é a mesma entre as operadoras.

Tabela 2
Teste de Kruskal-Wallis

Test Statistics[a,b]

	Tempos de downloads de navegadores de Internet em smartphones
Chi-Square	11.502
df	2
Asymp. Sig.	.003

a. Kruskal Wallis Test

b. Grouping Variable: Grupos

Decisão:

Valor-p=0,003<0,05, rejeita-se a hipótese nula de que as médias da população são as mesmas para os quatro grupos. A diferença de médias é significante e o valor médio dos tempos de *downloads* no *smartphone* dos 3 aplicativos de navegadores de internet não é o mesmo.

Aplicação 3:

A internet evoluiu muito na última década. O que era apenas uma utopia em filmes de ficção científica, hoje está cada vez mais presente em nossas vidas. Se você é internauta de longa data, deve ter acompanhado todas as transformações do mundo digital e visto aquela conexão lenta e chiada virar algo rápido e móvel. Foram tantas mudanças e em tão pouco tempo que fica difícil explicar qual veio antes ou a diferença entre uma e outra. Isso sem falar daquelas que você nunca ouviu falar. Para efeito de marketing e divulgação, um instituto de pesquisa preparou uma pesquisa de opinião com sujeitos para saber se cada um deles conhece ou não alguns dos tipos de conexão. Para tanto foi fornecido a cada respondente uma linha reta de 1 a 10 centímetros e pediu-se que desse um risco nesta reta na medida em que significasse o grau de seu conhecimento de cada tipo de conexão investigado. A amostra de 70 sujeitos foi dividida em 10 grupos, cada um significando um tipo de conexão investigado. Os resultados se encontram na base de dados abaixo. Será que há diferença de conhecimento dos vários tipos de conexão pelas pessoas? Teste por Kruskal-Wallis.

Linha Reta da Pesquisa

Quadro dos Tipos de Conexão Investigados

Grupos	Descrição
1	Dial Modem
2	Cabo
3	Wi-Fi
4	Rádio
5	Satélite
6	3G
7	Bluetooth

Base Grau de Conhecimento de Sujeitos de Tipos de Conexão

Grupos	Grau de Conhecimento
1	5.8
1	5.7
1	5.8
1	5.4
1	5.2
1	5.4
1	5.3
1	5.1
1	5.8
1	5.8
2	7.3
2	7.7
2	7.9
2	7.3
2	7.6
2	7.4
2	7.2
2	7.9
2	7.5
2	7.7
3	9.7
3	9.7
3	9.8
3	9.8
3	9.7
3	10.0
3	9.9
3	9.6
3	9.8
3	9.6
4	7.2
4	7.3
4	7.9
4	6.9
4	6.3
4	7.6
4	7.0

4	7.6
4	7.3
4	7.1
5	5.9
5	5.8
5	6.3
5	5.0
5	6.2
5	5.2
5	5.2
5	6.3
5	5.4
5	5.2
6	9.6
6	9.7
6	9.4
6	9.0
6	9.6
6	9.8
6	9.2
6	9.8
6	9.8
6	9.5
7	8.4
7	9.5
7	9.0
7	8.1
7	8.3
7	8.3
7	8.4
7	8.2
7	8.0
7	8.8

Solução:

Tabela 1
Médias dos Postos

Ranks

	Grupos (Tipos	N	Mean Rank
Grau de Conhecimento	Dial Modem	10	9.85
	Cabo	10	33.05
	Wi-Fi	10	63.00
	Rádio	10	27.85
	Satélite	10	11.25
	3G	10	57.60
	Bluetooth	10	45.90
	Total	70	

Pelo que se observa da tabela 1, a média dos postos são diferentes, o que evidencia que o nível de conhecimento dos tipos de conexão difere de conexão para conexão.

Tabela 2
Teste de Kruskal-Wallis

Test Statistics[a,b]

	Grau de Conhecimento
Chi-Square	64.438
df	6
Asymp. Sig.	.000

a. Kruskal Wallis Test

b. Grouping Variable: Grupos (Tipos de Conexão)

Decisão:

Valor-p=0,000<0,05, rejeita-se a hipótese nula de que as médias da população são as mesmas para os sete grupos. A diferença de médias é significante e há diferença de conhecimento dos vários tipos de conexão pelas pessoas.

Aplicação 4:

Apesar de eles serem os campeões de vendas (3 em cada 10 itens comprados nas farmácias) e furtos (9 entre os 20 remédios mais roubados), pouca gente sabe diferenciar os efeitos dos principais analgésicos. Não, não é tudo a mesma coisa. Apesar de servirem ao propósito geral de diminuir dores, eles podem ter efeitos diferentes na diminuição do alívio da dor. É importante aprender essas diferenças agora que a Agência Nacional de Vigilância Sanitária (ANVISA) mandou-os para trás do balcão da farmácia. A ideia é fazer com que os clientes sejam orientados pelo farmacêutico, evitando a automedicação.Um médico resolveu provar estatisticamente a hipótese de que os analgésicos mais utilizados (1-Aspirina; 2-Novalgina e 3-Tylenol) têm efeitos diferentes, por exemplo, no alívio da febre. Para tanto, no hospital, nos dias de seus plantões, registrou todos os pacientes que chegavam à emergência do hospital sem suspeita de Dengue, mas com 42º de febre: numa amostra de 10 pacientes destes, aplicou Aspirina, em outra amostra de 10 pacientes aplicou Novalgina, e em mais outro grupo aplicou Tylenol.Depois de 30 minutos registrou a taxa de redução da febre em cada paciente. Os resultados estão na base de dados abaixo. O tipo de analgésico tem efeito diferente no alívio da febre, isto é, os analgésicos têm efeitos diferenciados no alívio da enfermidade? Teste por Kruskal-Wallis .Conhecendo-os ou não, deve se usa-los só quando necessário, para que a medicação não se transforme em uma dor de cabeça.

Base Taxa de Redução da Aspirina, Novalgina e Tylenol no Alívio da Febre

Grupos	Taxas de Redução da Febre
1	74
1	0
1	22
1	1
1	11
1	42
1	40
1	56
1	34
1	24
2	85
2	85
2	82
2	83
2	80
2	83
2	85
2	85
2	81
2	82
3	100
3	95
3	95
3	96
3	96
3	98
3	100
3	95
3	100
3	95

1-Aspirina; 2-Novalgina e 3-Tylenol

Solução:

Tabela 1
Médias dos Postos

Ranks

	Grupos de Analgésicos	N	Mean Rank
Taxa de Redução da Febre	Aspirina	10	5.50
	Novalgina	10	15.50
	Tylenol	10	25.50
	Total	30	

Pelo que se observa da tabela 1, a média dos postos são diferentes, o que evidencia que a redução da febre não é a mesma de analgésico para analgésico. Sua eficácia vem nesta ordem: Tylenol, Novalgina e Aspirina. Mas estes resultados podem ser fruto de erro amostral. É fortemente recomendável o teste de significância destes resultados.

Tabela 2
Teste de Kruskal-Wallis

Test Statistics[a,b]

	Taxa de Redução da Febre
Chi-Square	25.962
df	2
Asymp. Sig.	.000

a. Kruskal Wallis Test

b. Grouping Variable: Grupos de Analgésicos

Decisão:

Valor-p=0,000<0,05, rejeita-se a hipótese nula de que as médias das taxas de redução das febres sejam as mesmas entre os analgésicos. A diferença de médias de taxas de redução da febre é significante. Os analgésicos têm efeitos diferentes no alívio da febre e assim deste ser em outros sintomas.

Aplicação 5:

Engravidar não é tão fácil assim. A chance por mês de um casal fértil engravidar é ao redor de 25%. Se após um ano de tentativas não ocorrer gravidez, deve-se procurar um especialista em medicina reprodutiva. Para as mulheres acima de 35 anos, a investigação pode até começar antes, já que a idade tem um papel fundamental na fertilidade da mulher. Após a realização de alguns exames, basicamente três tipos de tratamentos podem ser propostos de acordo com o problema apresentado: 1-*relação sexual programada, 2-inseminação intrauterina e 3-fertilização in vitro*. A duração de todos os tipos de tratamento é exatamente um ciclo menstrual, mas as técnicas utilizadas são diferentes. Um bioestatístico levantou uma amostra de 90 casais, das quais 30 se submeteram a 1-*relação sexual programada*, 30 a 2-*inseminação intrauterina* e 30 a 3-*fertilização in vitro*. De acordo com o andamento do tratamento o pesquisador em certo momento, deu um valor à probabilidade de casal efetivamente engravidar, a expectativa do sucesso do tratamento ou a sua eficácia. Os resultados se encontram na tabela abaixo. Teste por Kruskal-Wallis.

Base Avaliação da Eficácia de Tratamento para Engravidar

Grupos	Probabilidade de Sucesso
1	0.19
1	0.82
1	0.60
1	0.47
1	0.17
1	0.06
1	0.57
1	0.18
1	0.66
1	0.91
1	0.08
1	0.23
1	0.77
1	0.35
1	0.97
1	0.16
1	0.20
1	0.94
1	0.62
1	0.19
1	0.66
1	0.71
1	0.14
1	0.49
1	0.33
1	0.58
1	0.78
1	0.79
1	0.85
1	0.22
2	0.71
2	0.26
2	0.94
2	0.50
2	0.97
2	0.08
2	0.75

2	0.51
2	0.60
2	0.51
2	0.28
2	0.83
2	0.89
2	0.67
2	0.06
2	0.38
2	0.86
2	0.79
2	0.69
2	0.11
2	0.79
2	0.87
2	0.55
2	0.27
2	0.08
2	0.00
2	0.64
2	0.05
2	0.26
2	0.65
3	0.70
3	0.90
3	0.48
3	1.00
3	0.18
3	0.44
3	0.58
3	0.56
3	0.10
3	0.01
3	0.81
3	0.67
3	0.01
3	0.49
3	0.71
3	0.85
3	0.99

3	0.20
3	0.06
3	0.83
3	0.93
3	0.35
3	0.06
3	0.75
3	0.18
3	0.13
3	0.55
3	0.57
3	0.48
3	0.06

1-*relação sexual programada, 2-inseminação intrauterina* e *3-fertilização in vitro*.

Solução:

Tabela 1
Médias dos Postos

Ranks

	Tratamentos para	N	Mean Rank
Probabilidade de Sucesso	Relação sexual programada	30	45.15
	Inseminação	30	47.35
	Fertilização in vitro	30	44.00
	Total	90	

Pelo que se observa da tabela 1, a eficácia dos tratamentos para engravidar são muito parecidas.

Tabela 2
Teste de Kruskal-Wallis

Test Statistics[a,b]

	Probabilidade de Sucesso
Chi-Square	.255
df	2
Asymp. Sig.	.880

a. Kruskal Wallis Test

b. Grouping Variable: Tratamentos para Engravidar

Decisão:

Valor-p=0,880>0,05. Aceita-se a hipótese nula de que as médias de probabilidade de sucesso são iguais para os três tratamentos de reprodução assistida. As diferenças que por ventura se observaram na amostra são casuais, não significantes. Todos os processos de reprodução assistida envolvem muita expectativa apesar das chances limitadas de sucesso. Por isso, é importante que seja realizado por profissional experiente e que haja uma boa relação médico-paciente para que o casal se sinta acolhido e seguro neste processo.

Aplicação 6:

Uma pesquisa foi desenvolvida para obter a opinião de estudantes de informática dos reais níveis em que são dadas as ênfases *softwares*, matemática e *hardware* nas suas carreiras na graduação. Os resultados da coleta de dados estão descritos na base de dados abaixo. Realize o Teste por Kruskal-Wallis para verificar se há diferença de ênfases entre carreiras. Se há diferença, qual o perfil de cada curso quanto ao nível dado nas ênfases *software*, matemática e *hardware*?

Base Ênfase das Carreiras de Informática

Estudante	Carreira de Informática	Software	Matemática	Hardware
1	3	1	3	3
2	3	2	2	3
3	1	3	1	1
4	3	1	2	3
5	2	2	3	1
6	3	1	2	3
7	2	3	3	3
8	2	2	3	1
9	3	1	2	3
10	1	3	1	1
11	2	2	3	1
12	2	2	3	1
13	3	1	2	3
14	1	3	1	1
15	3	3	3	3
16	3	2	2	3
17	1	3	1	1
18	1	3	1	1
19	3	1	2	3
20	2	2	3	1
21	2	2	1	3
22	1	1	1	1
23	2	2	3	1
24	2	2	2	2

25	3	3	2	3
26	1	3	2	1
27	1	2	1	3
28	2	3	2	3
29	3	1	3	3
30	1	3	1	1

Codificação e Descrição das Categorias das Variáveis

Variáveis	Categorias e Codificação
Carreira de informática	1-Sistema de Informação; 2-Ciência da Computação; 3-Engenharia da Computação
Software	1- Nível Básico; 2-Nível Intermediário; 3-Nível Avançado
Matemática	1- Nível Básico; 2-Nível Intermediário; 3-Nível Avançado
Hardware	1- Nível Básico; 2-Nível Intermediário; 3-Nível Avançado

Solução:

Tabela 1
Médias dos Postos

Ranks

	Carreira de informática	N	Mean Rank
Software	Sistema de Informação	9	21.50
	Ciência da Computação	10	16.20
	Engenharia da Computação	11	9.95
	Total	30	
Matemática	Sistema de Informação	9	6.11
	Ciência da Computação	10	21.35
	Engenharia da Computação	11	17.86
	Total	30	
Hardware	Sistema de Informação	9	9.22
	Ciência da Computação	10	12.90
	Engenharia da Computação	11	23.00
	Total	30	

Pelo que se observa da tabela 1, a ênfase em cada carreira é diferenciada: em sistema de informação a ênfase é em *software*, em ciência da computação a ênfase é em *matemática* e finalmente, em engenharia da computação, a ênfase é *hardware*.

Tabela 2
Teste de Kruskal-Wallis

Test Statistics[a,b]

	Software	Matemática	Hardware
Chi-Square	9.745	17.401	17.351
df	2	2	2
Asymp. Sig.	.008	.000	.000

a. Kruskal Wallis Test

b. Grouping Variable: Carreira de informática

Decisão:

Valor-p=0,000<0,05. Rejeita-se a hipótese nula de que as ênfases em *software*, *matemática* e *hardware* são as mesmas entre as carreiras de sistema de informação, ciência da computação e engenharia da computação. As diferenças de ênfases são significantes e não são fruto do acaso.

Capítulo 13

Teste da Mediana

13.1 Conceito

O teste da mediana serve para comparar a tendência central de amostras independentes (verifica se é provável que grupos independentes tenham provindo de populações com a mesma mediana).

Portanto, o teste da mediana tem como hipótese nula que a mediana nos vários grupos são iguais.

Pode ser visto como uma versão simplificada do Teste de Kruskal-Wallis porque, como este, compara amostras independentes, porém com menor quantidade de informação.

O teste da mediana é particularmente útil quando existem dados extremos além do esperado.

Para fazer o teste da mediana, é preciso pressupor que a variável em análise seja medida pelo menos em escala ordinal.

13.2 Sequência de Passos no SPSS para o Teste da Mediana

1. ANALYZE;
2. NONPARAMETRIV TESTS;
3. k INDEPENDENT SAMPLES;
4. SELECIONAR UMA OU MAIS VARIÁVEIS PARA A LISTA DE VARIÁVEIS DE TESTE;
5. SELECIONAR A VARIÁVEL QUE DEFINE OS GRUPOS PARA GROUPING VARIABLE. CLICAR DEFINE GROUPS E INDICAR OS CÓDIGOS DOS GRUPOS;
6. EM TEST TYPE, ESCOLHER O TESTE DA MEDIANA: MEDIAN;
7. OK.

13.3 Aplicações

Aplicação 1:

Imagine que, para saber se o nível de estresse é maior em fumantes, em não fumantes ou em pessoas que deixaram o hábito, um pesquisador tenha avaliado 60 bancários, usando uma escala própria para medir estresse. Foram consideradas todas as pessoas que, na ocasião, estivessem enfrentando situações estressantes. As informações estão na base de dados abaixo. Teste se existe diferença entre as medianas pelo Teste da Mediana.

Base Nível de Estresse para Bancários Fumantes, Não Fumantes e Ex-Fumantes

Grupos	Níveis de Estresses
1	25
1	26
1	56
1	45
1	46
1	52
1	40
1	42
1	65
1	53
1	25
1	38
1	59
1	65
1	45
1	69
1	67
1	56
2	26
2	35
2	65
2	64
2	52
2	53
2	64
2	52
2	23
2	25
2	26
2	24
2	56
2	48
2	47
2	54
2	28
2	26
3	30

3	32
3	50
3	34
3	35
3	64
3	71
3	74
3	56
3	38
3	69
3	56
3	49
3	58
3	47
3	56
3	58
3	59
3	64
3	59
3	45
3	60
3	53
3	46

1-Fumante; 2-Não Fumante e 3-Ex-Fumante.

Solução:

Tabela 1
Frequências

Frequencies

		Grupos		
		Fumantes	Não-Fumantes	Ex-Fumantes
Níveis de Stresses	> Median	8	6	14
	<= Median	10	12	10

Pelo que se observa da tabela os valores acima da mediana são bem parecidos com os valores abaixo dela. Este fato nos leva a evidências de que as medianas são iguais. Vamos testar a significância destes resultados.

Tabela 2
Teste da Mediana

Test Statistics[b]

	Níveis de Stresses
N	60
Median	52.00
Chi-Square	2.634[a]
df	2
Asymp. Sig.	.268

a. 0 cells (.0%) have expected frequencies less than 5. The minimum expected cell frequency is 8.4.

b. Grouping Variable: Grupos

Decisão:

Valor-p=0,268>0,05, aceita-se a hipótese nula de que as medianas são as mesmas para os três grupos. A diferença de medianas não é significante e o valor mediano de estresse não varia entre fumantes, não fumantes e ex-fumantes.

Aplicação 2:

Um pesquisador quer testar a ordem em que cinco venenos matam ratos em 20 amostras de ratos. Os dados da base de dados se referem à ordem em que se observou a morte dos animais nos cinco tipos de venenos. Pergunta-se: a ordem em que os ratos morrem é a mesma nos cinco tipos de venenos? Teste pela Mediana.

Base Ordem em que Ratos Morrem em Cinco Venenos Testados

Grupos	Ordem das Mortes
1	7
1	13
1	20
1	2
1	14
1	8
1	10
1	15
1	5
1	12
1	9
1	6
1	3
1	19
1	11
1	4
1	17

1	18
1	16
1	2
2	3
2	20
2	6
2	19
2	18
2	16
2	4
2	12
2	13
2	5
2	8
2	7
2	11
2	14
2	9
2	2
2	15
2	1
2	17
2	10
3	1
3	16
3	19
3	3
3	17
3	20
3	4
3	18
3	15
3	5
3	13
3	14
3	2
3	12
3	6
3	8
3	9

3	11
3	7
3	10
4	14
4	19
4	20
4	18
4	1
4	17
4	2
4	15
4	4
4	16
4	9
4	3
4	13
4	5
4	10
4	6
4	11
4	7
4	12
4	8
5	1
5	3
5	13
5	20
5	14
5	15
5	18
5	2
5	5
5	8
5	19
5	4
5	9
5	17
5	10
5	6
5	16

5	11
5	12
5	7

1-Veneno A; 2-Veneno B; 3-Veneno C; 4-Veneno D e 5-Veneno E

Solução:

Tabela 1
Frequências

Frequencies

		Grupos				
		Veneno A	Veneno B	Veneno C	Veneno D	Veneno E
Ordem das Mortes dos Ratos	> Median	10	10	10	10	10
	<= Median	10	10	10	10	10

Pelo que se observa na tabela, os valores acima da mediana são iguais aos valores abaixo da mediana.Este fato nos leva a evidências de que as medianas são iguais. Vamos testar a significância destes resultados.

Tabela 2
Teste da Mediana

Test Statistics[b]

	Ordem das Mortes dos Ratos
N	100
Median	10.50
Chi-Square	.000[a]
df	4
Asymp. Sig.	1.000

a. 0 cells (.0%) have expected frequencies less than 5. The minimum expected cell frequency is 10.0.

b. Grouping Variable: Grupos

Decisão:

Valor-p=1,000>0,05, aceita-se a hipótese nula de que as medianas são as mesmas para os cinco grupos. A diferença de medianas não é significante e o valor mediano da ordem em que os ratos morrem nos cinco tipos de veneno são as mesmas.

Aplicação 3:

Os dados da tabela abaixo são opiniões de amostras de 16 docentes dos níveis de 1 a 10 de clima institucional de 4 departamentos de uma universidade. Realize o Teste da Mediana e verifique se os climas organizacionais são os mesmos nos 4 departamentos da universidade.

Base Opiniões de Climas Institucionais em Departamentos de uma Universidade

Grupos	Opiniões
1	2
1	1
1	3
1	4
1	4
1	5
1	0
1	2
1	4
1	1
1	1
1	0
1	0
1	1
1	1
1	0
2	6
2	5
2	6
2	5
2	5
2	5
2	5
2	6
2	5
2	5
2	6
2	6
2	6
2	6
2	6
2	6
3	2

3	1
3	3
3	5
3	2
3	7
3	3
3	5
3	4
3	6
3	7
3	4
3	4
3	0
3	3
3	2
4	8
4	7
4	7
4	9
4	9
4	10
4	10
4	10
4	8
4	9
4	10
4	8
4	8
4	8
4	10

1 a 4 departamentos de uma universidade.

Solução:

Tabela 1
Frequências

Frequencies

		Grupos			
		Departamento A	Departamento B	Departamento C	Departamento D
Opinião de Climas Institucionais	> Median	0	9	3	15
	<= Median	16	7	13	0

Pelo que se observa da tabela, os valores acima da mediana não são iguais aos valores abaixo da mediana.Este fato nos leva a evidências de que as medianas são diferentes. Vamos testar a significância destes resultados.

Tabela 2
Teste da Mediana

Test Statistics[b]

	Opinião de Climas Institucionais
N	63
Median	5.00
Chi-Square	36.969[a]
df	3
Asymp. Sig.	.000

a. 0 cells (.0%) have expected frequencies less than 5. The minimum expected cell frequency is 6.4.

b. Grouping Variable: Grupos

Decisão:

Valor-p=0,000<0,05, rejeita-se a hipótese nula de que as medianas são as mesmas para os quatro departamentos. A diferença de medianas é significante e a opinião mediana dos níveis de clima institucional são diferentes entre os departamentos.

Aplicação 4:

Uma amostra de 50 pessoas foi dividida em 5 grupos. Todas estas pessoas estavam com caspas e concordaram a se submeterem a tratamentos naturais contra este descontrole sebáceo. Os tratamentos naturais utilizados neste estudo foram:

1. *Esfregar o sumo das folhas de couve no couro cabeludo.*
2. *Aplicar o suco do tomate.*
3. *Assar a polpa do abacate, espremer através de um pano fino e limpo, extraindo o óleo e esfregando no couro cabeludo 2 vezes ao dia.*
4. *Suco de limão puro no cabelo diariamente.*
5. *Polpa da folha de babosa.*

Depois de um mês de tratamento, todos deram uma nota de 1 a 5 ao grau de eficácia do tratamento a que se suvmeteram. Os resultados se encontram na base de dados abaixo.Os tratamentos têm a mesma eficácia? Teste pela Mediana.

Base Eficácia de Tratamentos contra a Caspa

Grupos	Grau da Eficácia
1	3
1	3
1	2
1	1
1	1
1	1
1	1
1	3
1	1
1	1
2	2
2	1
2	1
2	1
2	2
2	2
2	2
2	1
2	1
2	2
3	4
3	4
3	2
3	4
3	2
3	2
3	2
3	2
3	2
3	2
4	4
4	4
4	4
4	4
4	4

4	4
4	5
4	4
4	5
4	4
5	5
5	4
5	4
5	4
5	4
5	5
5	4
5	4
5	5
5	5

1 a 5 - tratamentos naturais contra caspa

Solução:

Tabela 1
Frequências

Frequencies

		Grupos				
		Esfregar o sumo das folhas do couve no couro cabeludo.	Aplicar o suco do tomate.	Assar a polpa do abacate, espremer através de um pano fino e limpo, extraindo o óleo e esfregando no couro cabeludo 2 ve	Suco de limão puro no cabelo diariamente.	Polpa da folha de babosa.
Grau de Redução das Caspas (Eficácia)	> Median	0	0	3	10	10
	<= Median	10	10	7	0	0

Pelo que se observa da tabela 1, os valores acima da mediana não são iguais aos valores abaixo da mediana.Este fato nos leva a evidências de que as medianas são diferentes. *"Suco de limão puro no cabelo diariamente"* e *"Polpa de folha de babosa"* foram os considerados de maior eficácia, pois têm todos os valores acima da mediana.

Tabela 2
Teste da Mediana

Test Statistics[b]

	Grau de Redução das Caspas (Eficácia)
N	50
Median	3.00
Chi-Square	41.546[a]
df	4
Asymp. Sig.	.000

a. 5 cells (50.0%) have expected frequencies less than 5. The minimum expected cell frequency is 4.6.

b. Grouping Variable: Grupos

Decisão:

Valor-p=0,000<0,05, rejeita-se a hipótese nula de que as medianas são as mesmas para os cinco tratamentos. Há diferença de eficácia entre os tratamentos naturais contra a caspa, com favorecimento para o *"Suco de limão puro no cabelo diariamente"* e *"Polpa de folha de babosa"*. Lembrando que antes de qualquer coisa, a visita a um dermatologista é essencial.

Aplicação 5:

As informações disponibilizadas abaixo devem apenas ser utilizadas para fins informacionais se não forem baseadas em uma pesquisa científica e o seu achado disseminado e utilizado por médicos e peritos no assunto. Um médico-pesquisador, então, decidiu desenvolver um estudo preliminar científico das informações disponibilizadas, para que estas possam se tornar uma teoria científica. Coletou dados de 80 pessoas queimadas. Verificou de cada paciente o seu agente causador, o grau de profundidade e a gravidade/extensão dos ferimentos. O objetivo do estudo é verificar o tamanho do efeito do agente causador sobre o grau de profundidade e sobre a gravidade/extensão das queimaduras. A base de dados se encontra apresentada abaixo. Utilize o Teste da Mediana para responder ao problema de pesquisa do médico pesquisador.

As queimaduras podem ser superficiais ou profundas e classificadas de acordo com:

Agente Causador

(1)-Químicos: produtos corrosivos que podem ser bases fortes ou de origem ácida, como exemplos, temos: álcool, gasolina, bases e ácidos.
(2)-Físicos: tem origem no calor ou no frio, através de exposição, condução ou radiação eletromagnética. Através da temperatura, temos: líquidos e sólidos ferventes, frio excessivo, chama, vapor, objetos aquecidos, geada, neve, etc. Com a eletricidade temos: raio, corrente elétrica, etc., e com a radiação temos: raios solares, aparelhos de raios-X ou ultra-violeta, nucleares, etc.
(3)-Biológicos: são as queimaduras provocadas por animais e vegetais, como exemplo temos: Vegetais: Urtiga, látex, etc. Animais: água-viva, lagarta-de-fogo, medusa, etc.
(4)Queimaduras Solares: são muito comuns entre os indivíduos de cor branca, predispostos, ou não habituados à exposição de raios solares, que freqüentam praias sob sol forte ou agricultores e pescadores que trabalham expostos ao sol.Essas queimaduras embora extensas, doloridas e avermelhadas geralmente são consideradas de pequena intensidade ou de 1º grau Em associação com esse tipo de queimaduras vem a insolação, comumente mais grave que a própria queimadura, causando cefaléia, irritabilidade, transtornos visuais, zumbidos, colapso e em alguns casos o coma.Como tratamento local, preferencialmente aplica-se óleos inertes, associados ou não à anti-histamínicos, que aliviam rapidamente a dor.

Grau ou Profundidade

(1)-1º grau: atingem as camadas superficiais da pele, causando vermelhidão, inchaço, dor local, às vezes insuportável, sem formação de bolhas.
(2)-2º grau: atingem as camadas mais profundas da pele, ou seja, derme e epiderme, causando formação de bolhas, pele avermelhada, com manchas e coloração variável, dor, inchaço, desprendimento de camadas da pele, e possível estado de choque.
(3)-3º grau: são as queimaduras mais profundas que atingem todas as camadas da pele, podendo chegar aos ossos. Apresentam pouca ou nenhuma dor e a coloração torna-se branca ou surge a coloração preta, devido à carbonização dos tecidos.

Gravidade e Extensão

A conseqüência mais grave das queimaduras é a porcentagem da área corporal atingida. A maneira mais simples para esta avaliação, embora imprecisa é calcular a área queimada através da " palma da mão do acidentado", que corresponde à 1% de sua superfície corpórea. De acordo com esta informação temos a seguinte classificação:

a) portador de queimaduras: o acidentado tem menos de 15% da área corporal atingida.
b)grande queimado: a área corporal atingida, ultrapassa 15% (aproximadamente 15 palmos)
c)Ao atingir mais de 40% da área corporal, as queimaduras poderão provocar a morte, e acima de 70% da superfície do corpo atingida as chances de sobreviver são mínimas!

As manifestações locais mais importantes das queimaduras são: perda de líquidos corporais, não há eliminação das toxinas através do suor, formação de substâncias tóxicas, choque causado por dor intensa, destruição de tecidos e infecção.

Base de Tamanho do Efeito do Agente Causador sobre o Grau de Profundidade e Gravidade/extensão de Queimaduras

Agente Causador	Grau de Profundidade	Gravidade e Extensão (%)
1	3	65
1	3	53
3	1	10
3	1	11
1	3	43
3	2	12
3	1	14
3	1	11
4	1	4
4	2	14
1	2	64
4	2	11
2	2	15
1	3	62
2	2	15
4	1	3
4	1	1
4	1	2
1	3	59
2	2	37
2	2	24
1	3	60
4	2	14
2	1	28
1	3	41
4	1	7
1	3	61
4	2	14
2	2	34
2	2	27
3	1	10
3	1	13
1	3	59
2	1	37
4	1	1
3	1	12
2	2	37

2	2	34
1	2	50
1	2	48
1	2	56
1	3	46
1	3	53
3	2	13
4	2	13
4	1	6
3	1	14
3	3	11
3	1	14
1	3	63
2	2	30
2	2	22
3	3	10
4	1	7
2	1	29
4	1	5
3	1	12
4	1	5
3	1	11
1	3	70
4	1	11
2	2	31
4	1	8
2	1	37
3	1	11
3	1	10
1	3	63
4	2	11
2	2	17
3	2	11
4	1	6
2	2	38
2	2	22
4	1	1
2	2	20
1	3	45
3	2	12

2	3	15
3	1	12
1	2	53

Solução:

Tabela 1
Frequências

Frequencies

		Agente Causador			
		Químicos	Físicos	Biológicos	Queimaduras Solares
Grau de Profundidade	> Median	15	1	2	0
	<= Median	5	19	18	20
Gravidade e Extensão	> Median	20	20	0	0
	<= Median	0	0	20	20

A tabela 1 nos permite fazer a seguinte interpretação: os agentes químicos são os causadores das queimaduras em mais alto grau e as queimaduras solares são os agentes causadores que incidem em ferimentos nos mais baixos graus. Os agentes químicos e físicos são os que provocam as queimaduras em maiores gravidades e extensão e os agentes biológicos e as queimaduras solares são as que provocam as menores gravidades e extensão dos ferimentos. Os testes de significância provarão se estes resultados são casuais ou reais.

Tabela 2
Teste da Mediana

Test Statistics[c]

	Grau de Profundidade	Gravidade e Extensão
N	80	80
Median	2.00	14.50
Chi-Square	42.724[a]	80.000[b]
df	3	3
Asymp. Sig.	.000	.000

a. 4 cells (50.0%) have expected frequencies less than 5. The minimum expected cell frequency is 4.5.

b. 0 cells (.0%) have expected frequencies less than 5. The minimum expected cell frequency is 10.0.

c. Grouping Variable: Agente Causador

Decisão:

Valor-p=0,000<0,05 para ambas as variáveis, rejeita-se a hipótese nula de que as medianas são as mesmas para os quatros agentes causadores de queimaduras nas variáveis dependentes "grau de profundidade" e "gravidade e extensão" das queimaduras. As diferenças de medianas são significantes. Os agentes químicos e físicos têm tamanhos de efeitos maiores nos graus de profundidade e gravidades e extensões das queimaduras.

Capítulo 14

Teste de Wilcoxon

14.1 Conceito

O teste dos postos assinalados de Wilcoxon deve ser aplicado aos dados pareados, isto é, em situações antes e depois.

Este teste é portanto, uma alternativa para o teste t no caso paramétrico para amostras dependentes. Mas só se deve aplicar o teste dos postos assinalados de Wilcoxon se as pressuposições, exigidas pelo teste t, estiverem seriamente comprometidas.

O teste de Wilcoxon usa a informação sobre o valor da diferença entre os membros de um par. É por isso, capaz de descobrir, com maior probabilidade, as diferenças quando realmente existem.

O teste dos postos assinalados de Wilcoxon exige que a variável em análise seja medida pelo menos em escala ordinal e a diferença entre duas observações, feitas no mesmo par, possa ser ordenada.

O teste de Wilcoxon exige que as diferenças sejam uma amostra de uma distribuição simétrica.

O teste de Wilcoxon ordena e classifica as diferenças, separando-as depois em diferenças positivas e negativas. Se a hipótese nula for verdadeira, é esperado que as médias das classificações das diferenças sejam iguais para ambos os grupos.

14.2 Sequência de Passos no SPSS para Realização do Teste de Wilcoxon

1. *ANALYZE*;
2. *NONPARAMETRIC TEST*;
3. *2 RELATED SAMPLES*;
4. SELECIONAR O PAR DE VARIÁVEIS QUE SE PRETENDE COMPARAR A SITUAÇÃO ANTES E DEPOIS E COLOCÁ-LO NA LISTA DE VARIÁVEIS PARES;
5. EM *TEST TYPE*, ESCOLHER O TESTE DE WILCOXON.

14.3 Aplicações

Aplicação 1:

Imagine que para testar o efeito de um ansiolítico foi feito um ensaio clínico com oito pacientes que iriam se submeter a situações de *stress* múltiplos. Os níveis de ansiedade dos pacientes, antes e depois de medicados, foram registrados usando uma escala própria e se encontram na base de dados abaixo. Verifique pelo teste de Wilcoxon se os níveis de ansiedade são os mesmos antes e depois do medicamento, isto é, se o medicamento tem efeito sobre a ansiedade.

Base Níveis de Ansiedade de Pacientes Antes e Depois de Medicados

Antes	Depois
23	14
26	14
28	29
29	25
37	31
26	18
27	30
32	30

Solução:

Tabela 1
Frequências

Ranks

		N	Mean Rank	Sum of Ranks
Níveis de Ansiedade Depois - Níveis de Ansiedade Antes	Negative Ranks	6[a]	5.33	32.00
	Positive Ranks	2[b]	2.00	4.00
	Ties	0[c]		
	Total	8		

a. Níveis de Ansiedade Depois < Níveis de Ansiedade Antes

b. Níveis de Ansiedade Depois > Níveis de Ansiedade Antes

c. Níveis de Ansiedade Depois = Níveis de Ansiedade Antes

As médias das classificações, postos, das diferenças não são iguais para ambos os grupos o que sugere que o uso do medicamento interfere na ansiedade.

Tabela 2
Teste de Wilcoxon

Test Statistics[b]

	Níveis de Ansiedade Depois - Níveis de Ansiedade Antes
Z	-1.960[a]
Asymp. Sig. (2-tailed)	.050

a. Based on positive ranks.

b. Wilcoxon Signed Ranks Test

Decisão:

Valor-p=0,05=0,05, rejeita-se a hipótese nula de que o comportamento dos dados na situação antes é igual à situação depois. O uso do ansiolítico tem efeito.

Aplicação 2:

Um administrador verificou as vendas de um produto antes e depois de uma estratégia de marketing mais agressiva durante um mês.

Base Vendas de um Produto Antes e Depois de uma Estratégia de Marketing

Antes	Depois
640	330
1616	970
1373	1817
1048	1792
212	1270
285	1105
1315	454
891	538
1501	460
1157	1146
1519	1759
989	1260
1086	1532
416	319
400	1239
1792	1615
771	1359
411	1984
1612	1901
410	684
1007	536
925	1226
595	1109
1648	1448
1154	951
1026	27
1770	1749
366	1997
412	1676
569	469

Solução:

Tabela 1
Frequências

Ranks

		N	Mean Rank	Sum of Ranks
Vendas Depois - Vendas Antes	Negative Ranks	14[a]	11.93	167.00
	Positive Ranks	16[b]	18.63	298.00
	Ties	0[c]		
	Total	30		

a. Vendas Depois < Vendas Antes

b. Vendas Depois > Vendas Antes

c. Vendas Depois = Vendas Antes

As médias das classificações, postos, das diferenças são próximas para ambos os grupos o que sugere que a estratégia de marketing não surtiu efeito.

Tabela 2
Teste de Wilcoxon

Test Statistics[b]

	Vendas Depois - Vendas Antes
Z	-1.347[a]
Asymp. Sig. (2-tailed)	.178

a. Based on negative ranks.

b. Wilcoxon Signed Ranks Test

Decisão:

Valor-p=0,178>0,05, aceita-se a hipótese nula de que o comportamento dos dados na situação antes é igual à situação depois. A estratégia de marketing não surtiu efeito.

Capítulo 15

Teste do Sinal

15.1 Conceito

O teste do sinal deve ser aplicado a dados pareados, isto é, uma mesma amostra é utilizada antes e depois de uma experiência. É portanto, um teste alternativo para o teste t no caso de amostras dependentes no caso paramétrico o teste de Wilcoxon, no caso não paramétrico.

No entanto, só se deve aplicar o teste do sinal quando as pressuposições exigidas pelo correspondente teste paramétrico t ou não paramétrico de Wilcoxon não estiverem satisfeitas.

O teste do sinal tem pouco poder, pois usa como informação apenas o sinal das diferenças entre pares. O teste de Wilcoxon, por exemplo, usa tanto o sinal como a grandeza das diferenças. No teste de sinais, dá-se importância a qual dos dois números de um par é maior, mas ignora-se a magnitude dessa diferença.

A única pressuposição exigida pelo teste do sinal é a de que a distribuição da variável seja contínua.

15.2 Sequência de Passos no SPSS para Realização do Teste do Sinal

1. *ANALYZE*;
2. *NONPARAMETRIC TEST*;
3. *2 RELATED SAMPLES*;
4. SELECIONAR O PAR DE VARIÁVEIS QUE SE PRETENDE COMPARAR À SITUAÇÃO ANTES E DEPOIS E COLOCÁ-LO NA LISTA DE VARIÁVEIS PARES;
5. EM *TEST TYPE*, ESCOLHER O TESTE DOS SINAIS: *SIGN*.

15.3 Aplicações

Aplicação 1:

Imagine que, para decidir pela compra de um de dois tomógrafos fabricados por empresas diferentes, o diretor de um instituto separou 20 crânios e fez duas tomadas de cada um, usando primeiro um tomógrafo e depois outro. Pediu a um técnico que examinasse as tomografias e conferisse, a cada uma delas, uma nota de 0 (péssimo) a 5 (excelente). Os resultados estão na base de dados abaixo. Este caso é de amostras dependentes porque foram feitas duas tomografias dos mesmos crânios.

Base Notas dos Técnicos para Tomografias Obtidas por Dois Tomógrafos

Tomógrafo A	Tomógrafo B
5	3
5	2
5	1
4	2
4	5
5	2
2	1
4	5
4	2
5	4
4	3
0	1
5	4
4	2
5	3
5	2
5	1
4	2
4	5
2	5

Solução:

Tabela 1
Frequências

Frequencies

		N
Tomógrafo B - Tomógrafo A	Negative Differences[a]	15
	Positive Differences[b]	5
	Ties[c]	0
	Total	20

a. Tomógrafo B < Tomógrafo A

b. Tomógrafo B > Tomógrafo A

c. Tomógrafo B = Tomógrafo A

Na maior parte dos casos o Tomógrafo B tem desempenho pior que o Tomógrafo A.

Tabela 2
Teste do Sinal

Test Statistics[b]

	Tomógrafo B - Tomógrafo A
Exact Sig. (2-tailed)	.041[a]

a. Binomial distribution used.

b. Sign Test

Decisão:

Valor-p=0,041<0,05, rejeita-se a hipótese nula de que o comportamento dos dados na situação antes é igual à situação depois. Os tomógrafos têm desempenho diferentes. Tudo leva a crer que o Tomógrafo B tem um desempenho pior que o Tomógrafo A.

Aplicação 2:

Um gestor de recursos humanos realizou uma avaliação de 0 a 10 em 30 colaboradores na realização de uma tarefa antes e depois de um treinamento. Os resultados se encontram na tabela abaixo. Realize o teste do sinal para saber se o treinamento teve efeito no desempenho da tarefa.

Base Avaliação de Colaboradores no Desempenho de uma Tarefa Antes e Depois de um Treinamento

Desempenho Antes	Desempenho Depois
9	6
2	5
0	3
6	9
1	2
7	0
8	5
3	6
10	0
5	3
10	9
3	6
8	0
8	8
2	2
3	3
8	8
8	3
10	10

5	5
0	9
4	5
0	9
6	2
3	6
0	5
10	2
10	0
4	0
2	5

Solução:

Tabela 1
Frequências

Frequencies

		N
DesempenhoDepois - DesempenhoAntes	Negative Differences[a]	12
	Positive Differences[b]	12
	Ties[c]	6
	Total	30

a. DesempenhoDepois < DesempenhoAntes

b. DesempenhoDepois > DesempenhoAntes

c. DesempenhoDepois = DesempenhoAntes

O número de sinais negativos é igual ao número de sinais positivos e existem 6 casos de desempenhos iguais. Há evidências que o desempenho dos colaboradores antes e depois do treinamento é o mesmo, isto é, o treinamento não teve efeito sobre os desempenhos dos funcionários.

Tabela 2
Teste do Sinal

Test Statistics[b]

	DesempenhoDepois - DesempenhoAntes
Exact Sig. (2-tailed)	1.000[a]

a. Binomial distribution used.

b. Sign Test

Decisão:

Valor-p=1,000>0,05, aceita-se a hipótese nula de que o comportamento dos dados na situação antes é igual à situação depois. A credibilidade da hipótese nula é absoluta.O desempenho dos colaboradores antes e depois do treinamento é o mesmo, isto é, o treinamento não teve efeito sobre os desempenhos dos funcionários.

Capítulo 16

Teste de MecNemar

16.1 Conceito

Quando o teste dos sinais é aplicado sobre variáveis dicotômicas, ou seja, para variáveis que tornam apenas dois valores, toma a forma de Teste de McNemar.

O Teste de MecNemar nestas condições pode ser realizado pelo Teste de Sinais ou mesmo pela opção Teste McNemar. Os resultados são os mesmos. A estatística usada é diferentes. No Teste do Sinal, é a estatística Z e no Teste de MecNemar é usada a estatística χ^2. A estatística χ^2 é na verdade o quadrado da estatística Z, resultando em valores-p iguais para ambos os métodos.

16.2 Sequência de Passos no SPSS para Realização do Teste de MecNemar

1ª Opção:

1. *ANALYZE*;
2. *NONPARAMETRIC TEST*;
3. *2 RELATED SAMPLES*;
4. SELECIONAR O PAR DE VARIÁVEIS QUE SE PRETENDE COMPARAR A SITUAÇÃO ANTES E DEPOIS E COLOCÁ-LO NA LISTA DE VARIÁVEIS PARES;
5. EM *TEST TYPE*, ESCOLHER O TESTE DOS SINAIS: *SIGN*.

2ª Opção:

1. *ANALYZE*;
2. *NONPARAMETRIC TEST*;
3. *2 RELATED SAMPLES*;
4. SELECIONAR O PAR DE VARIÁVEIS QUE SE PRETENDE COMPARAR A SITUAÇÃO ANTES E DEPOIS E COLOCÁ-LO NA LISTA DE VARIÁVEIS PARES;
5. EM *TEST TYPE*, ESCOLHER O TESTE MECNEMAR

16.3 Aplicações

Aplicação 1:

Imagine que, para decidir pela compra de um de dois tomógrafos fabricados por empresas diferentes, o diretor de um instituto separou 20 crânios e fez duas tomadas de cada um, usando primeiro um tomógrafo e depois outro. Pediu a um técnico que examinasse as tomografias e conferisse, a cada uma delas, 1- Satisfatório e 0-Não Satisfatório. Os resultados estão na base de dados abaixo. Este caso é de amostras dependentes porque foram feitas duas tomografias dos mesmos crânios.

Base Avaliação dos Técnicos para Tomografias Obtidas por Dois Tomógrafos

Tomógrafo A	Tomógrafo B
1	1
1	0
1	0
1	0
1	1
1	0
0	0
1	1
1	0
1	1
1	1
0	0
1	1
1	0
1	1
1	0
1	0
1	0
1	1
0	1

1-Satisfatório e 0-Não Satisfatório.

Solução:

1ª Opção:

Tabela 1
Frequências

Frequencies

		N
Tomógrafo B - Tomógrafo A	Negative Differences[a]	9
	Positive Differences[b]	1
	Ties[c]	10
	Total	20

a. Tomógrafo B < Tomógrafo A

b. Tomógrafo B > Tomógrafo A

c. Tomógrafo B = Tomógrafo A

Na maior parte dos casos o Tomógrafo B tem desempenho pior que o Tomógrafo A.

Tabela 2
Teste do Sinal

Test Statistics[b]

	Tomógrafo B - Tomógrafo A
Exact Sig. (2-tailed)	.021[a]

a. Binomial distribution used.

b. Sign Test

Decisão:

Valor-p=0,021<0,05, rejeita-se a hipótese nula de que o comportamento dos dados na situação antes é igual à situação depois. Os tomógrafos têm desempenho diferentes. Tudo leva a crer que o Tomógrafo B tem um pior que o Tomógrafo A.

2ª Opção:

Tabela 1
Frequências Cruzadas

Tomógrafo A & Tomógrafo B

	Tomógrafo B	
Tomógrafo A	0	1
0	2	1
1	9	8

Na maior parte dos casos, o Tomógrafo B tem desempenho pior que o Tomógrafo A.

Tabela 2
Teste do Sinal

Test Statistics[b]

	Tomógrafo A & Tomógrafo B
N	20
Exact Sig. (2-tailed)	.021[a]

a. Binomial distribution used.

b. McNemar Test

Decisão:

A decisão é a mesma da opção 1: Valor-p=0,021<0,05, rejeita-se a hipótese nula de que o comportamento dos dados na situação antes é igual à situação depois. Os tomógrafos têm desempenho diferentes. Tudo leva a crer que o Tomógrafo B tem um pior desempenho que o Tomógrafo A.

Aplicação 2:

Um gestor de recursos humanos realizou uma avaliação de (1-Aprovado e 0-Não Aprovado) 30 colaboradores na realização de uma tarefa antes e depois de um treinamento. Os resultados se encontram na tabela abaixo. Realize o Teste de MecNemar para saber se o treinamento teve efeito no desempenhos da tarefa.

Base Avaliação Aprovado e Reprovado de Colaboradores no Desempenho de uma Tarefa Antes e Depois de um Treinamento

Desempenho Antes	Desempenho Depois
1	1
0	1
0	0
1	1
0	0
1	0
1	1
0	1
1	0
1	0
1	1
0	1
1	0
1	1
0	0
0	0
1	1
1	0
1	1
1	1
0	1
0	1
0	1
1	0
0	1
0	1
1	0
1	0
0	0
0	1

1-Aprovado e 0-Não Aprovado

Solução:

1ª Opção:

Tabela 1
Frequências

Frequencies

		N
Desempenho Depois - Desempenho Antes	Negative Differences[a]	8
	Positive Differences[b]	9
	Ties[c]	13
	Total	30

a. Desempenho Depois < Desempenho Antes

b. Desempenho Depois > Desempenho Antes

c. Desempenho Depois = Desempenho Antes

O número de sinais negativos é semelhante ao número de sinais positivos e existem 13 casos de desempenhos iguais. Há evidências que o desempenho dos colaboradores antes e depois do treinamento é o mesmo, isto é, o treinamento não teve efeito sobre os desempenhos dos funcionários.

Tabela 2
Teste do Sinal

Test Statistics[b]

	Desempenho Depois - Desempenho Antes
Exact Sig. (2-tailed)	1.000[a]

a. Binomial distribution used.

b. Sign Test

Decisão:

Valor-p=1,000>0,05, aceita-se a hipótese nula de que o comportamento dos dados na situação antes é igual à situação depois. A credibilidade da hipótese nula é absoluta.O desempenho dos colaboradores antes e depois do treinamento é o mesmo, isto é, o treinamento não teve efeito sobre o desempenho dos funcionários.

2ª Opção:

Tabela 1
Frequências Cruzadas

Desempenho Antes & Desempenho Depois

Desempenho Antes	Desempenho Depois 0	Desempenho Depois 1
0	5	9
1	8	8

O desempenho dos colaboradores comparando a situação antes e depois são bem perecidos. Há evidências que o desempenho dos funcionários antes e depois do treinamento é o mesmo, isto é, o treinamento não teve efeito sobre os desempenho dos funcionários.

Tabela 2
Teste de MecNemar

Test Statistics[b]

	Desempenho Antes & Desempenho Depois
N	30
Exact Sig. (2-tailed)	1.000[a]

a. Binomial distribution used.

b. McNemar Test

Decisão:

Valor-p=1,000>0,05, aceita-se a hipótese nula de que o comportamento dos dados na situação antes é igual à situação depois. A credibilidade da hipótese nula é absoluta.O desempenho dos colaboradores antes e depois do treinamento é o mesmo, isto é, o treinamento não teve efeito sobre o desempenho dos funcionários.

Capítulo 17

Teste de Kappa

17.1 Conceito

Para saber se uma dada caracterização/classificação de um objeto é confiável, é necessário ter este objeto caracterizado ou classificado várias vezes, por exemplo, por mais de um juiz.

Para descrevermos a intensidade da concordância entre dois ou mais juízes, ou entre dois métodos de classificação (por ex. dois testes de diagnóstico), utilizamos a medida Kappa que é baseada no número de respostas concordantes, ou seja, no número de casos cujo resultado é o mesmo entre os juízes. O Kappa é uma medida de concordância interobservadora e mede o grau de concordância além do que seria esperado tão somente pelo acaso. Esta medida de concordância tem como valor máximo o 1, o qual representa total concordância e os valores próximos e até abaixo de 0, indicam nenhuma concordância, ou a concordância foi exatamente a esperada pelo acaso. Um eventual valor de Kappa menor que zero, negativo, sugere que a concordância encontrada foi menor do aquela esperada por acaso. Sugere, portanto, discordância, mas seu valor não tem interpretação como intensidade de discordância.

O índice de concordância intra e inter-observadores constitui uma medida utilizada para analisar o acordo entre dois intervalos de observação (interobservadores) e entre avaliadores (intra-observadores) na atribuição de categorias de uma **variável categórica**. Em inglês este procedimento geralmente é designado por *interjudge reliability* ou *interobserver reliability*. É uma importante medida para determinar o quão bem funciona uma aplicação de alguma medição.

A medida estatística de confiabilidade é o kappa de Cohen, descrito em 1960. O kappa é uma medida de concordância intra e inter-observador e mede o grau de concordância além do que seria esperado tão somente pelo acaso e geralmente varia, como dissemos acima, geralmente de 0-1 (embora os números negativos sejam possíveis) em que um grande número significa maior confiabilidade, valores próximos ou menores que zero sugerem que o acordo é atribuível ao acaso.

Como interpetar o kappa:

O Kappa varia de +1 a -1:

+1:significa que os dois observadores concordaram perfeitamente. Eles classificaram a todos exatamente da mesma forma;

0:significa que não existe nenhuma relação entre as classificações dos dois observadores, acima da concordância de acasos que seriam esperadas;

-1: significa que os dois observadores classificaram exatamente o oposto. Se um observador diz SIM, o outro sempre diz NÃO.

Para avaliar se a concordância é razoável, fazemos um teste estatístico para avaliar a significância do Kappa. Neste caso a hipótese testada é se o Kappa é igual a 0, o que indicaria concordância nula, ou se ele é maior do que zero, concordância maior do que o acaso (teste monocaudal: H_0: $K = 0$; H_1: $K > 0$). Um Kappa com valor negativo, que não tem interpretação cabível, pode resultar num paradoxal nível crítico (valor de p) maior do que um.

No caso de rejeição da hipótese (Kappa=0) temos a indicação de que a medida de concordância é significantemente maior do que zero, o que indicaria que existe alguma concordância. Isto não significa necessariamente que a concordância seja alta, cabe ao pesquisador avaliar se a medida obtida é satisfatória ou não, isto baseado, por exemplo, em dados de literatura ou pesquisas anteriores.

Portanto, sua interpretação é considerada sempre subjetiva e se dá por comparação dos valores obtidos às faixas de valores para verificação da concordância. Vamos fornecer três guias para o uso do Índice de kappa em epidemiologia e medicina:

1º Guia:

kappa > 0,80 : é considerado excelente.
kappa 0,60 – 0,80 : é considerado bom.
kappa 0,40 – 0,60 : é considerado regular.
kappa < 0,40 : é considerado ruim

2º Guia:

Valor Índice Kappa (K)	Concordância
0	Pobre
0 a 0,20	Ligeira
0,21 a 0,40	Considerável
0,41 a 0,60	Moderada
0,61 a 0,80	Substancial
0,81 a 1	Excelente

3º Guia:

Valores de Kappa interpretação
< 0 nenhum acordo
0 - 0,19 acordo pobre
0,20 - 0,39 justo acordo
0,40 - 0,59 acordo moderado
0,50 - 0,79 acordo substancial
0,80 - 1,00 quase perfeito acordo

Essa avaliação de concordância através pelo Kappa é utilizada quando as escalas são categóricas e sempre quando estamos comparando dois ou mais juízes.

Neste livro, utilizaremos o guia 1 para uniformizar as respostas.

Como regra, valores de kappa 0,40-0,59 são considerados moderados, 60-0,79 substancial, e 0,80 excepcional. A maioria dos estatísticos prefere que os valores de kappa sejam maiores que 0,6 e na maioria das vezes superiores a 0,7 antes de disseminar um bom nível de concordância.

É importante que saibamos que no SPSS ele só é calculado em tabelas 2x2, ou seja para **comparar dois avaliadores** e que **apenas atribuam uma classificação dicotômica aos objetos em causa.**

A hipótese nula é que não há concordância entre os avaliadores.A hipótese alternativa é de que há concordância.
A magnitude da estatística k é uma medida de concordância bastante mais significativa do que a sua própria significância estatística. Este fato é devido à grande subjetividade dos componentes presentes das escalas que avaliam objetos em ciências humanas, sociais e de saúde.

Para avaliar a concordância entre dois avaliadores em uma **escala ordinal**, o coeficiente de Kendall mede a associação entre duas variáveis medidas por postos.

17.2 Sequência de Passos no SPSS para Realização do Teste de Kappa

1. ANALYZE;
2. DESCRIPTIVE STATISTICS;
3. CROSSTABS;
4. EM ROW, SELECIONAR A VARIÁVEL QUE CONTÉM A AFERIÇÃO DO PRIMEIRO AVALIADOR. EM COLUMN, SELECIONAR A VARIÁVEL QUE CONTÉM A AFERIÇÃO DO SEGUNDO AVALIADOR;
5. EM STATISTICS, MARCAR KAPPA.
6. OK

17.3 Aplicações

Aplicação 1:

Um pesquisador levantou o resultado do parecer de dois avaliadores de uma revista científica de Qualis A1. Foram observados os pareceres dos *referees* em 20 artigos científicos que formaram o "duplo cego". Utilizando o índice de concordância de Kappa, poderemos dizer que há concordância entre os dois avaliadores.

Base Avaliação de Artigos Científicos por Dois Pareceristas

Avaliador 1	Avaliador 2
1	1
1	0
0	1
1	0
0	0
1	0
0	1
1	1
0	0
1	0
1	1
1	0

0	0
1	1
0	0
1	1
0	1
1	1
1	1
1	1

1-Aceito ; 0-Não aceito

Solução:

Tabela 1
Tabela de Cruzamento das Variáveis

Avaliador 1 * Avaliador 2 Crosstabulation

Count

		Avaliador 2		Total
		Não Aceito	Aceito	
Avaliador 1	Não Aceito	4	3	7
	Aceito	5	8	13
Total		9	11	20

Observando a tabela 1, os dois avaliadores parecem concordar muito pouco nas avaliações. A maior concordância no "aceite" dos artigos.

Tabela 2
Índice de Concordância de Kappa e Teste de Significância

Symmetric Measures

		Value	Asymp. Std. Error[a]	Approx. T[b]	Approx. Sig.
Measure of Agreement	Kappa	**.175**	.217	.801	**.423**
N of Valid Cases		20			

a. Not assuming the null hypothesis.

b. Using the asymptotic standard error assuming the null hypothesis.

O índice de concordância de Kappa é de apenas k=0,175. A correlação entre os pareceristas para os 20 artigos científicos foi ruim.

Teste de Significância:

Decisão:

Valor-p=0,423, aceita-se a hipótese nula de que os dois avaliadores não concordaram na avaliação dos artigos. As igualdades de avaliação são frutos do acaso. Contudo, a magnitude da estatística k é uma medida de concordância bastante mais significativa do que a sua própria significância estatística, como foi dito acima.

Aplicação 2:

Uma amostra de 30 pacientes foi avaliada por dois psicólogos (JUIZ A e JUIZ B), e cada psicólogo classificou os 30 pacientes em psicótico (1), neurótico (2) ou orgânico (3). O interesse deste estudo é saber qual é a concordância entre estes dois profissionais e se há alguma classificação com concordância maior do que as demais.

Base Avaliação da Concordância de Dois Psicólogos (Juiz A e Juiz B) quanto ao Estado Psicológico de 30 Pacientes

Paciente	Juiz A	Juiz B
1	1	1
2	1	1
3	1	1
4	1	1
5	1	1
6	1	1
7	1	1
8	1	1
9	1	1
10	1	1
11	1	1
12	1	1
13	1	1
14	1	1
15	1	2
16	1	3
17	2	1
18	2	1
19	2	1
20	2	2
21	2	2
22	2	2
23	2	3
24	2	3
25	3	2

26	3	3
27	3	3
28	3	3
29	3	3
30	3	3

1 - Psicotico 2 - neurótico 3 - orgânico.

Solução:

Tabela 1
Tabela de Cruzamento das Variáveis

JuizA * JuizB Crosstabulation

Count

		JuizB			Total
		Psicótico	Neurótico	Orgânico	
JuizA	Psicótico	14	1	1	16
	Neurótico	3	3	2	8
	Orgânico	0	1	5	6
Total		17	5	8	30

Avaliando cada uma das três classificações, notamos que a concordância é alta quando se trata de psicóticos ou de orgânicos, porém a classificação 'neurótico' é a que apresenta maior discordância. Na tabela que resume os dados, já notávamos que dos 8 pacientes classificados como neuróticos pelo juiz A, apenas 3 também foram classificados desta forma pelo juiz B.

Tabela 2
Índice de Concordância de Kappa e Teste de Significância

Symmetric Measures

		Value	Asymp. Std. Error[a]	Approx. T[b]	Approx. Sig.
Measure of Agreement	Kappa	.556	.126	4.263	.000
N of Valid Cases		30			

a. Not assuming the null hypothesis.

b. Using the asymptotic standard error assuming the null hypothesis.

O índice de concordância de Kappa é de k=0,556. A correlação entre os psicólogos pode ser considerada regular. Agora vamos testar se este índice é significante.

Teste de Significância:

Decisão:
Valor-p=0,000<0,05, rejeita-se a hipótese nula de que coeficiente de Kappa seja igual a zero. Note que a concordância geral é estatisticamente diferente de zero e vale 0,556.

Aplicação 3:

Em certo órgão de financiamento, em cada edital aberto se apresentam diversos pesquisadores que enviam projetos solicitando recursos para desenvolvê-los. Estes projetos recebem uma avaliação, muitas vezes subjetiva, baseada na opinião de um consultor. Considere a tabela abaixo que resume as avaliações feitas por dois avaliadores a 30 projetos que concorrem ao financiamento. O interesse deste estudo é saber qual é a concordância entre estes dois profissionais e se há alguma classificação com concordância maior do que as demais. Utilize o Teste de Kappa para este objetivo.

Base Avaliações Feitas por Dois Avaliadores a 30 Projetos que Concorrem ao Financiamento

Avaliador 1	Avaliador 2
1	1
1	1
1	1
1	1
1	1
1	1
1	1
1	1
1	1
1	1
1	1
1	1
1	1
1	1
1	2
1	3
2	1
2	1
2	1
2	2
2	2
2	2
2	3
2	3
3	2
3	3
3	3
3	3
3	3
3	3

1-A; 2-B e 3-C

Solução:

Tabela 1
Tabela de Cruzamento das Variáveis

Avaliador 1 * Avaliador 2 Crosstabulation

			Avaliador 2			
			A	B	C	Total
Avaliador 1	A	Count	14	1	1	16
		% within Avaliador 1	87.5%	6.3%	6.3%	100.0%
	B	Count	3	3	2	8
		% within Avaliador 1	37.5%	37.5%	25.0%	100.0%
	C	Count	0	1	5	6
		% within Avaliador 1	.0%	16.7%	83.3%	100.0%
Total		Count	17	5	8	30
		% within Avaliador 1	56.7%	16.7%	26.7%	100.0%

Avaliando cada uma das três classificações, notamos que a concordância é alta quando os avaliadores atribuem o conceito A e o conceito C. No entanto, para atribuir o conceito B, um conceito intermediário, a concordância já não é tão satisfatória.

Tabela 2
Índice de Concordância de Kappa e Teste de Significância

Symmetric Measures

		Value	Asymp. Std. Error[a]	Approx. T[b]	Approx. Sig.
Measure of Agreement	Kappa	.556	.126	4.263	.000
N of Valid Cases		30			

a. Not assuming the null hypothesis.

b. Using the asymptotic standard error assuming the null hypothesis.

O índice de concordância de Kappa é de k=0,556. A concordância entre os avaliadores pode ser considerada regular.Agora vamos testar se este índice é significante.

Teste de Significância:

Decisão:
Valor-p=0,000<0,05, rejeita-se a hipótese nula de que coeficiente de Kappa seja igual a zero. Note que a concordância geral é estatisticamente diferente de zero e vale 0,556.

Aplicação 4:

Um pesquisador que deseja determinar quão bem funciona um questionário mede a personalidade de pessoas (***1-Analistas; 2-Diplomatas, 3-Sentinelas e 4-Exploradores***). Para tanto, uma amostra de 200 pessoas foi dividida em duas partes (Amostra 1 e Amostra 2). Aos 100 sujeitos da amostra A foi aplicado o questionário de personalidade e medida a sua personalidade. Procedimento análogo foi realizado para a amostra 2. Utilize o Teste de Kappa e determine o quão bom é este instrumento de medida de personalidade.

Base Avaliação de Quão Bom um Questionário Mede a Personalidade das Pessoas

Amostra 1	Amostra 2
4	4
1	1
1	1
2	2
4	4
3	3
3	3
2	2
1	1
2	2
2	2
2	2
2	2
1	1
1	1
2	2
2	2
3	3
3	3
2	2
3	3
4	4
1	1
4	4
1	1
1	1
4	4
3	3
2	2
3	3
2	2

3	3
3	3
4	4
2	2
2	2
1	1
2	2
4	4
3	3
4	4
3	3
3	3
4	4
3	3
1	1
1	1
4	4
1	1
4	4
1	1
4	4
3	3
4	4
4	4
4	4
3	3
3	3
3	3
1	1
1	1
3	3
1	1
2	2
1	2
3	4
3	3
3	3
2	1
2	2
4	4
1	1

4	4
1	1
4	4
1	1
3	3
4	4
2	2
3	3
1	1
2	2
1	1
3	3
4	4
4	4
3	3
2	2
3	3
2	2
2	2
4	4
2	2
3	3
3	3
4	4
4	4
2	2
2	2
1	1

1-Analistas; 2-Diplomatas, 3-Sentinelas e 4-Exploradores.

Solução:

Tabela 1
Tabela de Cruzamento das Variáveis

Amostra 1 * Amostra 2 Crosstabulation

Count

		Amostra 2				
		Analistas	Diplomatas	Sentinelas	Exploradores	Total
Amostra 1	Analistas	22	1	0	0	23
	Diplomatas	1	24	0	0	25
	Sentinelas	0	0	27	1	28
	Exploradores	0	0	0	24	24
Total		23	25	27	25	100

As duas amostras revelam as mesmas indicações de personalidades para todos os tipos, discordando muito pouco. Este resultado pressupõe que o questionário mede com eficácia a personalidade das pessoas.

Tabela 2
Índice de Concordância de Kappa e Teste de Significância

Symmetric Measures

		Value	Asymp. Std. Error[a]	Approx. T[b]	Approx. Sig.
Measure of Agreement	Kappa	.960	.023	16.607	.000
N of Valid Cases		100			

a. Not assuming the null hypothesis.

b. Using the asymptotic standard error assuming the null hypothesis.

O índice de concordância de Kappa é de k=0,996. A concordância entre as amostras na medição da personalidade das pessoas pode ser considerada excelente.Agora vamos testar se este índice é significante.

Teste de Significância:

Decisão:

Valor-p=0,000<0,05, rejeita-se a hipótese nula de que o coeficiente de Kappa seja igual a zero. O questionário tem validade na medição da personalidade, isto é, funciona muito bem na medição da personalidade.

Capítulo 18

Teste de Friedman

18.1 Conceito

O Teste de Friedman serve para testar a hipótese de que vários grupos relacionados ou emparelhados têm, todos, a mesma distribuição. É portanto, uma alternativa para a análise da variância em que os mesmos sujeitos são utilizados em três ou mais situações experimentais.

O Teste de Friedman pode ser uma alternativa para a análise de variância com dois fatores (análise da variância com blocos ao acaso). Neste caso, o Teste de Friedman irá testará somente a diferença entre blocos e para isso o analista deverá fazer cada categoria do bloco uma variável da base de dados no SPSS.

No entanto, só se deve aplicar o Teste de Friedman se tiver poucos dados e/ou as pressuposições, exigidas pela análise da variância, estiverem comprometidas. O Teste de Friedman pressupõe que a variável em análise seja medida, pelo menos, em escala ordinal.

18.2 Sequência de Passos no SPSS para Realização do Teste de Friedman

1. *ANALYZE*;
2. *NONPARAMETRIC TEST*;
3. *k RELATED SAMPLES*;
4. SELECIONAR AS VARIÁVEIS QUE SE PRETENDEM COMPARAR A IGUALDADE DE MÉDIAS E COLOCÁ-LAS NA LISTA DE VARIÁVEIS;
5. EM STATISTICS, MARCAR DESCRIPTIVE;
6. EM *TEST TYPE*, ESCOLHER O TESTE DE FRIEDMAN.

Aplicação 1:

Um investigador pretende examinar se a música tem um efeito sobre o esforço psicológico percebido, necessário para realizar uma sessão de exercício. "*Sem música*", "*M*úsica clássica" e "*Dance music*". A variável independente é o tipo de música e a variável dependente é «esforço para realizar exercícios percebido». Para testar se a música tem um efeito sobre o esforço psicológico percebido necessário para realizar uma sessão de exercício, o investigador recrutou 12 corredores que correram três vezes em uma esteira por 30 minutos ("*Sem música*", com "*M*úsica clássica" e com "*Dance music*"). Por razões de consistência, a velocidade da esteira foi o mesmo para todas as três pistas. Em uma ordem aleatória, cada sujeito correu: (a) sem ouvir nenhuma música em tudo; (B) ouvindo música clássica; e (c) ouvindo música de dança. No final de cada corrida, os indivíduos foram solicitados a registrar quão difícil a sessão de corrida foi em uma escala de 1 a 10, sendo 1 fácil e 10 extremamente difícil. Realize um Teste de Friedman para ver se havia diferenças no esforço percebido com base no tipo de música.

Base Tipo de Música e Esforço Psicológico Percebido

Sem Música	Com Música Clássica	"Dance Music"
8	8	7
7	6	6
6	8	6
8	9	7
5	8	5
9	7	7
7	7	7
8	7	7
8	6	8
7	6	6
7	8	6
9	9	6

Avaliações das dificuldades percebidas no exercício de 1 a 10

Solução:

Tabela 1
Estatísticas Descritivas

Descriptive Statistics

	N	Mean	Std. Deviation	Minimum	Maximum
Nenhuma Música	12	7.42	1.165	5	9
Música Clássica	12	7.42	1.084	6	9
"Dance Music"	12	6.50	.798	5	8

O esforço psicológico percebido, necessário para realizar uma sessão de exercício tem a mesma média com *"Nenhuma Música"* e *"Música Clássica"*, mas difere com *"Dance Music"*. Estes resultados podem evidenciar diferenças no esforço percebido com base no tipo de música.

Tabela 2
Média dos Postos

Ranks

	Mean Rank
Nenhuma Música	2.38
Música Clássica	2.17
"Dance Music"	1.46

Os postos revelam o mesmo resultado que as estatísticas descritivas, isto é, as médias são diferentes em cada grupo. Estes resultados podem evidenciar diferenças no esforço percebido com base no tipo de música.

Tabela 3
Teste de Friedman

Test Statistics[a]

N	12
Chi-Square	7.600
df	2
Asymp. Sig.	.022

a. Friedman Test

Decisão:

Valor-p=0,022<0,05, rejeita-se a hipótese nula de que as médias são iguais entre os grupos. As diferenças de médias são diferentes entre os que se exercitam ouvindo *"Nenhuma Música"*, *"Música Clássica"* e *"Dance Music"*. Há diferenças no esforço percebido com base no tipo de música. A música tem um efeito sobre o esforço psicológico percebido, necessário para realizar uma sessão de exercício.

Aplicação 2:

Um pesquisador de mercado contratado por uma emissora de TV tem o objetivo de avaliar se o interesse dos telespectadores é o mesmo antes, durante e depois da estreia de uma telenovela, isto é, se o estágio de exibição do programa tem efeito no interesse pela telenovela. Para tanto, inquiriu suas opiniões antes,durante e depois do programa numa escala de 1 a 5. Os resultados constam da tabela abaixo. Teste se os interesses são iguais antes, durante e depois da estreia da telenovela, isto é, se o estágio de exibição do programa influencia o interesse pela telenovela, utilizando o Teste de Friedman.

Base Interesse Antes, Durante e Depois da Estreia de uma Telenovela

Antes	Durante	Depois
2	3	3
1	2	3
2	3	4
3	2	4
3	2	4
3	2	5
1	2	4
2	4	4
3	2	4
1	2	4
1	3	5
1	3	4
1	3	4
1	3	3
1	3	4

Avaliações de 1 a 5

Solução:

Tabela 1
Estatísticas Descritivas

Descriptive Statistics

	N	Mean	Std. Deviation	Minimum	Maximum
Antes da Estréia da Telenovela	15	1.73	.884	1	3
Durante da Estréia da Telenovela	15	2.60	.632	2	4
Depois da Estréia da Telenovela	15	3.93	.594	3	5

A tabela acima revela diferença de médias de interesses antes, durante e depois da estreia da telenovela.

Tabela 2
Média dos Postos

Ranks

	Mean Rank
Antes da Estréia da Telenovela	1.27
Durante da Estréia da Telenovela	1.83
Depois da Estréia da Telenovela	2.90

Os postos revelam o mesmo resultado que as estatísticas descritivas, isto é, as médias em cada grupo são diferentes antes, durante e depois da estreia da novela. Estes resultados pode evidenciar diferenças de médias por quebra de expectativas com relação ao programa.

Tabela 3
Teste de Friedman

Test Statistics[a]

N	15
Chi-Square	21.719
df	2
Asymp. Sig.	.000

a. Friedman Test

Decisão:

Valor-p=0,000<0,05, rejeita-se a hipótese nula de que as médias são iguais entre os grupos. As diferenças de médias de interesse são significantes entre os estágios antes, durante e depois da estreia da telenovela. O estágio de exibição do programa influencia o interesse pela telenovela.

Aplicação 3

Em uma avaliação de desempenho de veículos, seis motoristas testaram três carros (A, B e C) em um estudo aleatório. O objetivo da pesquisa é estudar se a marca do veículo influencia a avaliação dos motoristas. Na tabela base de dados abaixo, temos as classificações de cada carro, segundo cada motorista, em uma escala de 1 a 10. Realize o Teste de Friedman e verifique se há diferença de avaliações entre as marcas de carros

Base Avaliações entre as Marcas de Carros por Motoristas

Carro A	Carro B	Carro C
7	8	9
6	10	7
6	8	8
7	9	8
7	10	9
8	8	9

Solução:

Tabela 1
Estatísticas Descritivas

Descriptive Statistics

	N	Mean	Std. Deviation	Minimum	Maximum
Carro A	6	6.83	.753	6	8
Carro B	6	8.83	.983	8	10
Carro C	6	8.33	.816	7	9

A tabela acima revela diferença de médias de avaliação entre o Carro A com os demais, o que sugere que a análise da variância será significante.

Tabela 2
Média dos Postos

Ranks

	Mean Rank
Carro A	1.08
Carro B	2.50
Carro C	2.42

A tabela acima revela diferença de médias de postos entre o Carro A com os demais, o que sugere que a análise da variância será significante.

Tabela 3
Teste de Friedman

Test Statistics[a]

N	6
Chi-Square	8.273
df	2
Asymp. Sig.	.016

a. Friedman Test

Decisão:

Valor-p=0,016<0,05, rejeita-se a hipótese nula de que as médias são iguais entre os blocos. A diferença de médias de avaliações dos motoristas entre as marcas de carro (A, B e C) é significante. A marca do veículo influencia na avaliação dos motoristas.

Aplicação 4:

Tabus Femininos

O significado de tabu geralmente se refere a uma proibição da prática de qualquer atividade social que seja moral, religiosa ou culturalmente reprovável. Dizer que algo é um tabu pode significar que é sagrado e por isso interdito qualquer contato. Ou pode também significar algo perigoso, imundo ou impuro. Cada sociedade possui os seus próprios padrões morais. Tabus existentes em uma cultura podem não existir em outras.

Os tabus são criados por convenções sociais, religiosas e culturais. São meios de preservar os bons costumes da sociedade limitando a prática de determinados atos ou evitando falar de assuntos polêmicos.

Os tabus estão relacionados à linguagem, em que há proibição de pronunciar palavrões e outros nomes imundos (por exemplo, diabo); os comuns tabus ao sexo, considerados pecados religiosos; ou mesmo às restrições alimentares (comer carne humana ou de determinados animais, sangue etc.). O eufemismo é uma linguagem à qual se recorre com frequência para evitar o tabu. Quebrar um tabu pode acarretar castigo divino, além de culpa, constrangimento, vergonha, etc.

A mulher pode ter a sua própria casa, pagar as suas contas, viajar o mundo, assumir cargos de liderança, e tantas outras proezas. Mas mesmo assim, certas questões sobre a liberdade feminina ainda não foram superadas, especialmente entre as brasileiras. Alguns assuntos continuam sendo tabus, tanto que há garotas que não conseguem conversar a respeito nem com a melhor amiga, imagina com os homens.

Refletir sobre estas proibições sociais que as pessoas impõem umas às outras e que cada uma determina a si mesma pode ajudar a transformar ideias e atitudes. Ou seja: para quebrar tabus é preciso conhecer de onde vêm, o que causam e não se privar de falar abertamente sobre eles.

Vamos repensar as nossas privações? Segue abaixo uma lista com alguns dos principais tabus do universo feminino nos dias de hoje.

- *Usar roupas curtas (V_1)*
- *Perder a virgindade (V_2)*
- *Tomar a iniciativa no flerte (V_3)*
- *Ligar no dia seguinte (V_4)*
- *Ter corpo perfeito (V_5)*
- *Chegar ao orgasmo (V_6)*
- *Fazer sexo casual (V_7)*
- *Apoiar o feminismo (V_8)*
- *Revelar o número de parceiros na cama (V_9)*
- *Assumir a bicuriosidade (V_{10})*
- *Experimentar sexo anal (V_{11})*
- *Fazer "fio terra" neles (V_{12})*

Uma pesquisa foi feita para saber com que grau 100 mulheres consultadas dizem numa escala de 0 a 10 que cada item listado acima ainda é um tabu para elas. Os resultados estão apresentados na base de dados abaixo. Realize o Teste de Friedman e verifique se há diferença de avaliações entre os tabus femininos, isto é, se alguns temas ainda continuam sendo tabus entre as mulheres.

Base grau com que 100 Mulheres consultadas dizem numa Escala de 0 a 10 que cada tabu investigado faz parte de suas vidas

V_1	V_2	V_3	V_4	V_5	V_6	V_7	V_8	V_9	V_{10}	V_{11}	V_{12}
2	1	8	8	10	8	2	3	9	8	9	9
0	4	6	7	9	9	3	0	10	9	9	9
3	1	7	6	10	10	2	2	10	10	10	9
1	1	6	7	9	10	2	2	10	10	10	10
0	4	8	6	10	8	2	0	9	8	9	10
3	4	7	7	10	8	2	0	9	8	10	9
0	4	6	8	8	10	2	3	10	10	9	10
0	3	8	8	8	8	3	3	9	8	10	10
1	3	7	8	8	10	1	3	10	10	10	9
3	3	6	8	8	8	1	3	10	8	9	9
2	4	7	8	9	8	2	3	10	8	9	10
0	2	6	8	9	10	2	3	9	10	10	9
0	1	6	7	10	10	3	1	10	10	9	9
1	4	6	6	8	8	0	1	9	8	10	10
2	1	6	6	8	10	0	0	10	10	10	9
1	4	6	8	8	9	3	0	10	9	9	9
2	4	8	6	10	9	1	2	9	9	9	9
3	2	8	8	10	8	0	0	9	8	9	10
1	4	8	7	10	9	0	1	10	9	9	9
1	2	6	8	9	8	0	2	10	8	10	10
0	1	7	6	8	10	1	3	10	10	9	9

1	3	7	6	10	8	3	1	10	8	10	9
2	4	8	8	8	9	2	3	9	9	9	9
3	4	7	8	9	10	1	3	10	10	10	9
3	2	6	7	9	9	1	3	10	9	9	10
3	2	7	7	8	9	2	0	10	9	9	10
1	1	8	8	9	9	3	0	9	9	10	9
3	1	6	6	9	8	3	0	10	8	9	10
0	4	7	6	9	8	3	1	10	8	9	9
0	1	6	6	8	9	2	3	10	9	10	10
1	2	7	7	10	9	0	2	9	9	9	9
3	3	7	7	9	10	1	2	10	10	9	9
0	3	8	8	9	10	1	0	10	10	10	9
3	4	7	7	8	9	2	2	10	9	9	10
3	3	7	7	10	10	1	2	9	10	10	10
0	3	8	8	8	10	0	2	10	10	10	10
0	4	8	8	9	8	1	3	9	8	10	9
3	4	8	6	10	9	1	0	9	9	9	9
0	3	6	6	9	9	3	0	9	9	9	9
3	2	6	8	8	9	3	0	10	9	10	10
3	2	7	8	8	9	0	0	10	9	10	9
0	3	8	8	9	9	3	3	10	9	9	9
0	2	7	6	9	9	2	2	10	9	10	9
1	1	6	6	9	8	3	0	10	8	9	9
1	1	6	8	8	8	2	2	10	8	9	9
1	1	7	6	9	9	3	2	10	9	10	9
0	1	6	6	10	10	3	3	9	10	9	10
0	1	6	8	8	8	0	1	10	8	10	9
3	2	8	8	9	8	3	0	10	8	10	10
3	1	7	7	8	10	1	1	9	10	9	10
1	1	8	6	9	9	2	2	10	9	10	10
3	4	7	7	8	8	2	2	10	8	9	10
3	2	7	8	10	8	2	0	10	8	9	9
2	1	8	6	8	8	2	2	10	8	10	10
0	2	7	7	9	10	2	3	10	10	9	10
1	1	6	7	9	9	3	2	9	9	9	9
3	1	6	7	10	8	2	0	10	8	10	9
3	2	6	7	8	8	0	1	9	8	10	10
3	4	7	6	10	10	1	3	10	10	9	10
2	1	6	7	9	9	1	1	10	9	10	10
0	2	7	7	9	8	1	2	9	8	9	10

1	3	7	7	8	9	1	2	9	9	9	9
2	3	8	6	10	10	1	0	10	10	9	10
2	1	7	6	9	9	1	0	10	9	10	9
1	3	7	6	8	8	1	0	9	8	9	9
2	2	7	6	9	9	2	2	10	9	10	10
2	2	6	6	9	10	0	1	9	10	10	10
3	3	7	8	10	8	2	1	9	8	10	10
1	2	7	7	9	8	3	3	9	8	10	9
1	3	7	6	8	10	3	1	10	10	9	9
2	2	8	7	9	10	1	2	10	10	10	9
0	3	7	7	9	9	2	3	9	9	10	10
3	4	8	6	10	8	1	1	10	8	9	9
0	3	8	7	9	9	3	2	9	9	9	9
1	3	8	8	10	10	1	0	10	10	10	9
2	1	6	8	10	8	3	0	9	8	10	10
0	3	8	8	8	10	3	1	9	10	9	9
1	3	8	8	10	10	2	0	9	10	10	10
2	1	8	7	9	8	3	3	10	8	9	9
2	1	6	6	9	10	0	3	10	10	10	10
2	2	7	8	8	9	3	1	9	9	9	10
3	1	7	6	10	8	2	3	9	8	10	9
1	3	6	8	8	8	2	2	9	8	10	10
0	1	7	8	10	10	0	1	10	10	10	10
2	1	7	6	10	10	1	2	9	10	10	9
0	4	7	6	8	9	3	0	10	9	10	10
2	4	6	7	8	8	0	2	10	8	9	10
3	1	6	8	9	9	1	3	10	9	10	9
0	3	7	8	10	8	3	1	10	8	10	10
1	1	8	8	8	8	2	3	9	8	9	9
0	1	6	8	8	9	1	2	9	9	10	10
0	2	8	8	9	9	2	3	10	9	9	9
0	2	6	6	10	10	0	0	9	10	10	9
0	1	7	7	9	10	0	1	9	10	9	9
2	2	7	8	8	8	1	1	10	8	9	10
3	2	7	8	10	10	0	0	9	10	9	10
1	3	7	8	10	10	1	3	9	10	10	10
2	1	8	8	9	10	0	1	10	10	9	10
0	4	6	6	10	8	2	3	10	8	9	10
3	1	8	7	10	10	2	2	9	10	9	9

Solução:

Tabela 1
Estatísticas Descritivas

Descriptive Statistics

	N	Mean	Std. Deviation	Minimum	Maximum
Usar roupas curtas (V1)	100	1.44	1.183	0	3
Perder a virgindade (V2)	100	2.32	1.145	1	4
Tomar a iniciativa no flerte (V3)	100	6.96	.777	6	8
Ligar no dia seguinte (V4)	100	7.08	.849	6	8
Ter corpo perfeito (V5)	100	8.99	.798	8	10
Chegar ao orgasmo (V6)	100	8.97	.834	8	10
Fazer sexo casual (V7)	100	1.62	1.052	0	3
Apoiar o feminismo (V8)	100	1.53	1.159	0	3
Revelar o número de parceiros na cama (V9)	100	9.59	.494	9	10
Assumir a bicuriosidade (V10)	100	8.97	.834	8	10
Experimentar sexo anal (V11)	100	9.49	.502	9	10
Fazer fios terra neles (V12)	100	9.47	.502	9	10

A tabela acima revela algumas igualdades de médias: *Revelar o número de parceiros na cama (V_9),Assumir a bi-curiosidade (V_{10}),Experimentar sexo anal (V_{11}),Fazer "fio terra" neles (V_{12}), Ter corpo perfeito (V_5),Chegar ao orgasmo (V_6)* ainda são grandes tabus entre as mulheres. Entretanto, *Usar roupas curtas (V_1),Perder a virgindade (V_2), Fazer sexo casual (V_7),Apoiar o feminismo (V_8)* são rótulos que parecem já estarem superados entre as mulheres. *Tomar a iniciativa no flerte (V_3)* e *Ligar no dia seguinte (V_4)* são tabus que têm índices médios entre as mulheres. Todas estas diferenças de médias devem ser testadas a nível de significância.

Tabela 2
Média dos Postos

Ranks

	Mean Rank
Usar roupas curtas (V1)	2.31
Perder a virgindade (V2)	2.97
Tomar a iniciativa no flerte (V3)	5.60
Ligar no dia seguinte (V4)	5.79
Ter corpo perfeito (V5)	8.83
Chegar ao orgasmo (V6)	8.84
Fazer sexo casual (V7)	2.32
Apoiar o feminismo (V8)	2.41
Revelar o número de parceiros na cama (V9)	10.23
Assumir a bicuriosidade (V10)	8.84
Experimentar sexo anal (V11)	9.99
Fazer fios terra neles (V12)	9.89

Revelar o número de parceiros na cama ainda é o maior tabu entre as mulheres brasileiras.

Tabela 3
Teste de Friedman

Test Statistics[a]

N	100
Chi-Square	966.334
df	11
Asymp. Sig.	.000

a. Friedman Test

Decisão:

Valor-p=0,000<0,05, rejeita-se a hipótese nula de que as médias são iguais entre os blocos (os vários tabus femininos). Existe diferença de médias entre os tabus.

Capítulo 19

Teste de Kendall

19.1 Conceito

O coeficiente de concordância de Kendall determina qual é o grau de associação entre dois ou mais conjuntos de dados ordenados, em escala ordinal.

Este tipo de medida de associação é, particularmente, interessante para pesquisas quantitativas para os casos em que se tem vários sujeitos avaliando,por classificações, vários objetos simultaneamente.

Exemplo:

Vários consumidores avaliando, por classificações, simultaneamente, vários produtos (ou várias embalagens, ou várias propagandas, etc.).

Condições para Utilização:

- *Conjunto de n objetos para k avaliadores;*
- *Avaliações em escalas ordinais originadas de comparações de n objetos.*

A hipótese nula do teste é de que não há concordâncias entre os avaliadores para os objetos. A hipótese alternativa diz que há concordância entre os avaliadores.

Critério de Avaliação do Índice de Concordância de Kendall (W):

W > 0,80 : é considerado excelente.
W 0,60 – 0,80 : é considerado bom.
W 0,40 – 0,60 : é considerado regular.
W < 0,40 : é considerado ruim.

19.2 Sequência de Passos no SPSS para Realização do Teste de Kendall

1. *ANALYZE*;
2. *NONPARAMETRIC TEST*;
3. *k RELATED SAMPLES*;
4. SELECIONAR AS VARIÁVEIS COM AS QUAIS SE PRETENDE MEDIR A ASSOCIAÇÃO EM SITUAÇÕES EMPARELHADAS E COLOCÁ-LAS NA LISTA DE VARIÁVEIS;
5. EM STATISTICS, MARCAR DESCRIPTIVE;
6. EM *TEST TYPE*, ESCOLHER O TEST DE KENDALL

19.3 Aplicações

Aplicação 1:

Uma empresa realizou uma pesquisa procurando avaliar a ordem de preferência dos consumidores para 8 marcas concorrentes de um mesmo produto. Foram obtidas as opiniões de uma amostra aleatória de 20 consumidores. Com base nos resultados apresentados na base de dados abaixo, a empresa deseja saber qual foi o grau de concordância na avaliação desses 20 consumidores.Utilize o Teste de Kendall e dê uma resposta à empresa.

Base Avaliação da Ordem de Preferência dos Consumidores para 8 Marcas Concorrentes de um mesmo Produto

A	B	C	D	E	F	G	H
3	1	2	4	5	7	6	8
4	3	1	2	5	8	7	6
3	5	8	7	4	6	1	2
5	3	2	1	6	4	8	7
1	2	5	4	8	3	7	6
3	1	4	5	2	6	7	8
2	1	3	4	6	7	8	5
3	2	1	4	6	5	7	8
1	3	5	4	2	7	8	6
2	3	4	1	5	6	8	7
2	4	3	1	6	8	7	5
3	2	1	5	4	6	8	7
5	4	3	1	2	8	6	7
3	1	2	4	5	8	6	7
5	3	2	1	6	4	8	7
2	1	3	4	6	7	8	5
1	3	5	4	2	7	8	6
3	2	1	5	4	6	8	7
2	1	3	4	6	7	8	5
5	3	2	1	6	4	8	7

Classificações

Solução:

Tabela 1
Estatísticas Descritivas

Descriptive Statistics

	N	Mean	Std. Deviation	Minimum	Maximum
Marca A do Produto	20	2.90	1.334	1	5
Marca B do Produto	20	2.40	1.188	1	5
Marca C do Produto	20	3.00	1.777	1	8
Marca D do Produto	20	3.30	1.780	1	7
Marca E do Produto	20	4.80	1.704	2	8
Marca F do Produto	20	6.20	1.508	3	8
Marca G do Produto	20	7.10	1.619	1	8
Marca H do Produto	20	6.30	1.418	2	8

As médias das classificações na amostra colhida parecem ser diferentes. É recomendável um teste de significância para avaliar a qualidade destas estimativas.

Tabela 2
Média dos Postos

Ranks

	Mean Rank
Marca A do Produto	2.90
Marca B do Produto	2.40
Marca C do Produto	3.00
Marca D do Produto	3.30
Marca E do Produto	4.80
Marca F do Produto	6.20
Marca G do Produto	7.10
Marca H do Produto	6.30

As médias dos postos na amostra colhida parecem ser diferentes. É recomendável um teste de significância para avaliar a qualidade destas estimativas.

Tabela 3
Índice de Concordância de Kendall e Teste de Significância

Test Statistics

N	20
Kendall's W[a]	**.563**
Chi-Square	78.800
df	7
Asymp. Sig.	**.000**

a. Kendall's Coefficient of Concordance

A concordância na avaliação dos 20 consumidores na ordenação das 8 marcas foi de 0,563. O grau de concordância na avaliação dos 20 consumidores foi regular.

Teste de Significância:

Decisão:

Valor-p=0,000 < 0,05. Rejeita-se a hipótese nula de que não há concordância entre os consumidores às marcas do produto. As diferenças de médias são significantes. Há concordâncias regulares entre os avaliadores das 8 marcas.

Aplicação 2:

O grau de avaliação de 30 professores doutores a 4 teses de doutorado estão descritos na base de dados abaixo. Teste por Kendall se os avaliadores concordam na avaliação das teses.

Base Grau de Avaliação de 30 Professores Doutores a 4 Teses de Doutorado

Tese 1	Tese 2	Tese 3	Tese 4
5	3	8	4
5	3	9	3
5	1	8	3
6	3	10	4
5	3	9	2
6	1	9	2
6	3	9	4
5	2	10	2
5	1	8	8
5	1	8	9
6	1	9	10
5	3	8	8
5	3	8	8
5	2	8	10
5	2	10	8
5	1	9	10
5	2	10	9
5	3	8	9
5	2	9	10
6	8	8	10
6	9	8	8
5	10	8	8
5	9	4	9
6	9	4	5
6	8	3	5
6	10	3	5

6	10	3	5
5	8	4	6
5	10	4	5

Avaliação de 1 a 10

Solução:

Tabela 1
Estatísticas Descritivas

Descriptive Statistics

	N	Mean	Std. Deviation	Minimum	Maximum
Tese !	29	5.34	.484	5	6
Tese 2	29	4.52	3.491	1	10
Tese 3	29	7.45	2.339	3	10
Tese 4	29	6.52	2.773	2	10

As médias das avaliações na amostra colhida parecem ser diferentes. É recomendável um teste de significância para avaliar a qualidade destas estimativas.

Tabela 2
Média dos Postos

Ranks

	Mean Rank
Tese !	2.33
Tese 2	2.03
Tese 3	2.86
Tese 4	2.78

As médias dos postos na amostra colhida parecem ser diferentes. É recomendável um teste de significância para avaliar a qualidade destas estimativas.

Tabela 3
Índice de Concordância de Kendall e Teste de sua Significância

Test Statistics

N	29
Kendall's W[a]	**.094**
Chi-Square	8.175
df	3
Asymp. Sig.	**.043**

a. Kendall's Coefficient of Concordance

A concordância na avaliação das teses de doutorado foi de 0,094. O grau de concordância dos 30 docentes foi considerado ruim.

Teste de Significância:

Decisão:

Valor-p=0,043 < 0,05. Rejeita-se a hipótese nula de que não há concordância. Há concordâncias, mas são ruins. Contudo, a magnitude da estatística de Kendall (W), assim como a de Kappa (K) são medidas de concordância bastante mais significativas do que a sua própria significância estatística, como foi dito no capítulo de Teste de Kappa.

Aplicação 3:

Entraram em vigor, desde primeiro de novembro de 2014, os novos índices determinados pela ANATEL para a velocidade da transmissão Taxa de Transmissão Instantânea (*download* e *upload*) e Taxa de Transmissão Média (*download* e *upload*). De acordo com as metas estabelecidas pela Agência Nacional de Telecomunicações, na banda larga fixa e banda larga móvel, as prestadoras são obrigadas a garantir ao consumidor: Taxa de Transmissão Média (*download* e *upload*) - 80% da taxa de transmissão máxima contratada; e Taxa de Transmissão Instantânea (*download* e *upload*) 40% da taxa de transmissão máxima contratada. O problema maior encontrado pelos consumidores é saber se (e como) a velocidade contratada está ou não sendo entregue como deveria. Para resolver esta questão, especialistas realizaram uma pesquisa de opinião entre usuários das mais importantes operadoras do Brasil para saber se a velocidade contratada é percebida como a entregue pelas prestadoras do serviço. Foi solicitado a cada usuário que desse um grau de 1 a 5 para a percepção aferida (1-discordo completamente a 5-concordo plenamente). Os dados estão na base de dados abaixo. Realize o Teste de Kendall para saber se os diversos usuários de operadoras de internet percebem da mesma maneira a relação entre velocidade contratada e entregue.

Base Pesquisa de Opinião entre Usuários das mais Importantes Operadoras do Brasil se a Velocidade Contratada é Percebida Como a entregue

GVT	ANATEL	VIVO
2	4	1
2	4	1
2	5	2
1	4	1
1	4	2
2	4	2
3	5	2
1	5	2
3	4	2
3	4	1
1	4	1
3	5	2
1	4	2
3	5	1

2	4	2
3	5	1
2	4	1
2	5	1
1	4	2
3	4	1
1	5	1
3	5	1
2	5	2
2	5	1
2	4	1
3	4	1
2	4	2
3	5	1
3	5	2
1	4	1
2	1	3
2	2	4
3	3	4
1	3	3
1	1	4
3	2	4
3	2	4
3	3	4
3	1	4
2	2	3
2	1	4
1	1	3
2	3	4
2	3	4
3	3	4
2	1	3
1	3	4
3	1	4
2	2	3
3	2	4
2	3	3
3	1	4
2	2	3
2	1	3
1	3	3

3	3	4
3	3	4
3	1	3
2	2	4
3	3	3

1-discordo completamente a 5-concordo plenamente

Solução:

Tabela 1
Estatísticas Descritivas

Descriptive Statistics

	N	Mean	Std. Deviation	Minimum	Maximum
GVT	30	2.10	.803	1	3
ANATEL	30	4.43	.504	4	5
VIVO	30	1.43	.504	1	2
CLARO	30	2.27	.740	1	3
OI	30	2.07	.868	1	3
NET VIRTUA	30	3.60	.498	3	4

As médias de percepção são perecidas para algumas operadoras. No geral, há evidências de que os usuários não percebem a velocidade contratada como a entregue pelas prestadoras de serviços, pois a maioria das avaliações dos usuárias são baixas. É recomendável um teste de significância para aferir a qualidade destas estimativas.

Tabela 2
Média dos Postos

Ranks

	Mean Rank
GVT	2.73
ANATEL	5.82
VIVO	1.77
CLARO	3.00
OI	2.67
NET VIRTUA	5.02

As médias dos postos na amostra são baixas para a maior parte das operadoras. Somente os usuários da ANATEL e NET VIRTUA percebem que a velocidade contratada é a mesma da entregue. Será que estes resultados são reais ou acidentes casuais? É preciso um teste de significância.

Tabela 3
Índice de Concordância de Kendall e Teste de Significância

Test Statistics

N	30
Kendall's W[a]	.767
Chi-Square	115.010
df	5
Asymp. Sig.	.000

a. Kendall's Coefficient of Concordance

A concordância entre os usuários da operadora foi K=0,767. O grau de concordância entre os usuários das operadoras foi bom.

Teste de Significância:

Decisão:

Valor-p=0,000 < 0,05. Rejeita-se a hipótese nula de que não há concordância entre os usuários das operadoras quanto à relação entre velocidade contratada e entregue. Os diversos usuários de operadoras de internet percebem, no geral, da mesma maneira a relação entre velocidade contratada e entregue da mesma maneira. Há evidências de que os usuários não percebem a velocidade contratada como a entregue pelas prestadoras de serviços, pois a maioria das avaliações dos usuárias são baixas.

Aplicação 5:

Uma pesquisa de opinião foi feita para avaliar junto a um *survey* de 100 pessoas se concordam com os temas polêmicos relatados abaixo numa escala de 1 a 5:

- *Desmilitarização das polícias* (V_1)
- *Guerra ao tráfico e legalização da maconha* (V_2)
- *Legalização do aborto* (V_3)
- *Casamento e direitos LGBT* (V_4)
- *Cotas raciais* (V_5)
- *Redução da maioridade penal* (V_6)
- *Reforma agrária* (V_7)
- *Política externa* (V_8)

Realize um teste de concordância de Kendall para avaliar se as pessoas investigadas convergem nas suas opiniões sobre os temas polêmicos.

Base Concordância com Questões Polêmicas no Brasil

V_1	V_2	V_3	V_4	V_5	V_6	V_7	V_8
4	5	1	4	3	5	5	2
3	5	1	3	2	5	3	2
4	5	1	3	3	5	4	1
3	5	1	4	3	5	5	2
4	4	2	4	5	5	4	1
4	5	2	4	2	5	3	1
4	5	1	3	3	5	3	1
3	5	2	4	4	5	4	2
3	5	1	4	4	5	4	1
3	4	1	4	4	5	3	1
3	4	2	3	5	5	2	2
3	5	1	5	4	5	3	1
3	4	1	3	5	5	2	2
3	4	1	4	2	5	3	2
3	5	1	3	2	5	4	1
4	5	2	5	2	5	2	1
3	5	2	3	5	5	1	2
4	4	1	4	2	5	5	2
3	5	2	3	3	5	5	1
4	5	2	3	4	5	5	2
3	4	2	4	2	5	5	1
3	4	1	5	4	5	4	1
4	4	2	3	2	5	5	2
4	4	2	3	5	5	2	2
3	4	1	5	2	5	5	1
4	5	1	3	3	5	4	1
4	5	2	5	4	5	2	1
3	5	2	3	2	5	2	1
3	4	1	4	2	5	1	1
3	5	2	4	2	5	4	2
3	4	1	4	3	5	2	2
4	4	2	3	3	5	5	2
3	5	1	5	2	5	1	1
4	4	2	3	3	5	2	2
4	4	2	3	3	5	2	2
4	4	1	3	5	5	3	1
3	4	1	5	4	5	5	2

4	4	2	3	4	5	3	2
4	4	2	3	4	5	5	1
3	5	2	3	3	5	5	1
3	4	1	5	2	5	4	2
3	4	1	3	4	5	1	1
3	4	2	5	4	5	4	1
4	4	2	4	4	5	2	2
3	5	1	3	2	5	2	1
3	5	1	3	4	5	1	1
3	4	2	5	2	5	2	2
3	5	1	4	3	5	2	2
3	5	1	5	2	5	2	2
3	5	1	4	5	5	3	2
3	4	1	3	4	5	4	1
3	4	1	4	3	5	5	1
4	4	2	4	5	5	1	2
3	4	2	3	4	5	4	2
4	4	1	5	3	5	3	2
4	4	2	4	4	5	5	2
4	5	1	5	2	5	3	2
4	4	2	4	2	5	3	2
3	4	2	3	3	5	1	2
4	4	1	3	5	5	1	2
4	4	2	3	2	5	5	1
3	4	1	4	5	5	3	1
4	4	1	4	5	5	5	1
4	5	1	4	3	5	3	1
3	4	2	3	4	5	4	2
4	4	2	3	5	5	2	2
3	4	2	3	5	5	1	1
4	4	1	5	3	5	1	2
3	4	2	4	3	5	4	2
3	5	2	4	2	5	1	2
3	5	1	3	4	5	4	2
4	5	2	3	3	5	5	2
3	4	1	5	2	5	2	1
4	4	1	4	4	5	5	1
4	5	1	5	2	5	4	2
3	4	1	5	5	5	3	2
4	4	2	5	5	5	2	2

3	4	2	4	4	5	4	2
4	4	2	5	4	5	2	1
3	4	1	3	3	5	2	2
4	5	1	5	2	5	2	1
3	5	2	5	4	5	2	2
4	5	2	4	2	5	2	1
3	4	1	4	2	5	5	1
4	5	1	5	5	5	2	1
3	5	1	3	3	5	1	1
3	5	2	3	3	5	4	2
4	5	2	5	4	5	1	1
4	5	2	5	3	5	3	1
4	5	2	5	5	5	1	2
4	5	1	5	2	5	5	1
4	5	1	3	4	5	5	2
3	4	1	4	5	5	1	2
4	4	1	5	2	5	2	2
3	4	1	3	3	5	4	2
3	5	1	3	4	5	5	1
4	4	2	5	3	5	3	2
3	5	2	4	2	5	3	1
3	4	2	5	4	5	3	1
4	5	1	3	5	5	4	2

Graus de concordância com temas polêmicos numa escala de 1 a 5.

Solução:

Tabela 1
Estatísticas Descritivas

Descriptive Statistics

	N	Mean	Std. Deviation	Minimum	Maximum
Desmilitarização das polícias	100	3.46	.501	3	4
Guerra ao tráfico e legalização da maconha	100	4.45	.500	4	5
Legalização do aborto	100	1.47	.502	1	2
Casamento gay e direitos LGBT	100	3.89	.827	3	5
Cotas raciais	100	3.36	1.097	2	5
Redução da maioridade penal	100	5.00	.000	5	5
Reforma agrária	100	3.10	1.389	1	5
Política externa	100	1.54	.501	1	2

As concordâncias entre os usuários por tema polêmicos pela amostra selecionada não é unânime, mas dentro de cada tema parecem concordar.

Tabela 2
Média dos Postos

Ranks

	Mean Rank
Desmilitarização das polícias	4.57
Guerra ao tráfico e legalização da maconha	6.32
Legalização do aborto	1.71
Casamento gay e direitos LGBT	5.37
Cotas raciais	4.59
Redução da maioridade penal	7.43
Reforma agrária	4.24
Política externa	1.79

As concordâncias entre os usuários por tema polêmicos pelos postos não é unânime, mas é fortemente recomendável que verifiquemos se os resultados são fruto do acaso ou reais.

Tabela 3
Índice de Concordância de Kendall e Teste de Significância

Test Statistics

N	100
Kendall's Wa	.712
Chi-Square	498.528
df	7
Asymp. Sig.	.000

a. Kendall's Coefficient of Concordance

A concordância entre as pessoas investigadas foi K=0,712. O grau de concordância entre os sujeitos da pesquisa quanto aos temas polêmicos foi bom.

Teste de Significância:

Decisão:

Valor-p=0,000 < 0,05. Rejeita-se a hipótese nula de que não há concordância entre os investigados quanto aos temas polêmicos. Os diversos entrevistados, no geral, concordam com os temas polêmicos no Brasil. Há evidências de que as pessoas são a favor dos temas polêmicos e se torna relevante a sua discussão efetiva pelo poder público.

Aplicação 6:

O couro cabeludo é uma região produtora de sebo. Fatores psicológicos e externos podem aumentar produção dessa substância, que resulta em caspa, que nada mais é do que células da pele sem vida. Ainda não se sabe o fator exato para esse problema, mas os fatores abaixo colaboram para produção exagerada de sebo:

1-Pele seca ou oleosa demais
2-Produtos químicos
3-Má alimentação

4-Estresse
5-Fungos
6-Alterações hormonais
7-Clima (inverno)

Um estudo, então, foi desenvolvido para saber se os dermatologistas concordam acerca dos fatores que mais causam a caspa entre seus pacientes. Foram selecionados 60 pacientes de 5 dermatologistas que tinham caspa e solicitado que registrassem em um formulário a causa mais provável de ter contraído a enfermidade. Os resultados constam da base de dados a seguir. Teste pelo coeficiente de Kendall se os médicos concordam acerca dos fatores predominantes na incidência de seborreia.

Base Causas Mais Comuns de Incidência de Caspas em Pacientes segundo Opinião de seus Dermatologistas

Médico 1	Médico 2	Médico 3	Médico 4	Médico 5
3	6	5	5	4
5	4	6	1	2
3	2	7	6	4
2	7	1	5	4
3	5	5	5	2
7	5	5	2	4
6	6	5	6	3
5	7	7	7	6
4	3	5	7	7
6	2	1	4	3
5	2	4	1	4
1	5	7	3	3
3	5	6	6	7
7	7	4	4	6
2	6	1	2	4
6	7	4	6	5
4	4	5	5	3
2	4	5	4	4
2	4	1	4	6
3	1	5	6	7
3	5	6	1	1
7	6	6	7	1
3	6	7	5	7
6	4	5	3	5
4	3	5	6	7
2	1	6	3	2
7	6	5	4	4
3	7	2	3	5

7	1	7	2	1
4	3	5	6	5
4	1	5	7	4
6	2	7	1	6
2	6	5	2	4
2	3	7	2	2
6	1	2	4	5
2	2	7	2	5
6	2	4	2	4
1	7	5	3	5
3	4	5	3	3
1	6	6	7	7
7	5	1	1	3
1	2	5	6	2
5	1	3	5	1
6	1	5	3	6
4	3	6	7	1
4	1	7	7	2
6	5	2	3	4
1	3	3	3	3
4	7	3	5	3
4	7	5	1	7
1	6	2	6	3
5	1	1	6	4
1	3	4	6	5
3	6	3	1	4
3	5	6	7	3
6	1	4	5	7
4	1	5	7	3
3	7	2	4	6
4	6	4	5	5
4	2	5	7	1

Opiniões de 1 a 5 sobre os fatores que mais colaboram para produção de caspas.

Solução:

Tabela 1
Estatísticas Descritivas

Descriptive Statistics

	N	Mean	Std. Deviation	Minimum	Maximum
Médico 1	60	3.90	1.866	1	7
Médico 2	60	4.02	2.143	1	7
Médico 3	60	4.53	1.818	1	7
Médico 4	60	4.28	2.009	1	7
Médico 5	60	4.07	1.812	1	7

As concordâncias entre os dermatologistas acerca das causas ou fatores da incidência de caspas entre seus pacientes não têm média iguais, mas é necessário testarmos se estes resultados não são incidentes do acaso.

Tabela 2
Média dos Postos

Ranks

	Mean Rank
Médico 1	2.77
Médico 2	2.95
Médico 3	3.18
Médico 4	3.17
Médico 5	2.94

Pelos postos, também não há evidência de consenso entre os médicos.

Tabela 3
Índice de Concordância de Kendall e Teste de Significância

Test Statistics

N	60
Kendall's W[a]	.013
Chi-Square	3.065
df	4
Asymp. Sig.	.547

a. Kendall's Coefficient of Concordance

A concordância entre os dermatologistas foi K=0,013, que se revela uma concordância muito ruim. Vamos testar a seguir a sua significância.

Teste de Significância:

Decisão:

Valor-p=0,547>0,05. Aceita-se a hipótese nula de que não há concordância entre os dermatologistas quanto aos fatores que provocaram caspas entre seus pacientes. Os diversos médicos, no geral, não convergem para uma mesma opinião, o que indica que as causas mais prováveis de caspas ainda não podem ser precisamente definidas. Portanto, ainda não se sabe o fator exato para esse problema.

Capítulo 20

Teste de Cochran

20.1 Conceito

A prova de MecNemar para duas amostras pode ser estendida para aplicação a pesquisas que envolvam mais de duas amostras. Essa extensão, que constitui o Teste de Cochran para k amostras emparelhadas, proporciona um método para comprovar se três ou mais amostras aleatórias emparelhadas de frequências ou proporções diferem entre si significantemente.

O emparelhamento pode basear-se em as mesmas variáveis serem observadas em diferentes amostras, ou fato de os mesmos indivíduos serem observados sob condições diferentes.

A prova Q de Cochran adapta-se especialmente ao caso em que os dados se apresentam em escala nominal ou sob forma de informação dicotomizada.

Não se conhece exatamente o poder do Teste de Cochran. A noção de poder-eficiência não tem sentido quando se aplica a prova de Cochran a dados nominais ou naturalmente dicotômicos, pois as provas paramétricas não se aplicam a tais dados. Quando se utiliza o Teste de Cochran em dados que não sejam nominais ou naturalmente dicotômicos, pode haver perda de informações.

20.2 Sequência de Passos no SPSS para Realização do Teste de Cochran

1. *ANALYZE*;
2. *NONPARAMETRIC TEST*;
3. *k RELATED SAMPLES*;
4. SELECIONAR AS VARIÁVEIS QUE SE PRETENDE MEDIR A ASSOCIAÇÃO EM SITUAÇÕES EMPARELHADAS E COLOCÁ-LAS NA LISTA DE VARIÁVEIS;
5. EM STATISTICS, MARCAR DESCRIPTIVE;
6. EM *TEST TYPE*, ESCOLHER O TESTE DE COCHRAN.

20.3 Aplicações

Aplicação 1:

Suponha que estejamos interessados em estudar a influência da atitude de um entrevistador sobre as respostas das donas de casa a determinada pesquisa de opinião.Poderemos treinar um entrevistador para efetuar suas entrevistas de três maneiras diferentes: *Entrevista Tipo 1: demonstrando interesse, cordialidade e entusiasmo; Entrevista Tipo 2:*

demonstrando formalismo, reserva e cortesia; Entrevista Tipo 3: demonstrando desinteresse, modo abrupto e formalismo áspero. O entrevistador visitaria três grupos de 18 casas, aplicando o tipo 1 de entrevista a um grupo, o tipo 2 a outro grupo e o tipo 3 ao terceiro grupo. Teríamos assim 18 conjuntos de donas de casas com 3 delas se correspondendo (com base em variáveis relevantes) em cada conjunto. Em cada conjunto, atribuir-se-iam aleatoriamente aos três membros as 3 condições (tipos de entrevista) com 18 elementos cada uma (N=18). Poderíamos, pois, testar se as diferenças fundamentais nos tipos de entrevistas influenciaram o número de respostas afirmativas ("sim") dadas a determinada pergunta, pelos três grupos correspondentes. Teste a probabilidade de um "sim" ser o mesmo para os três tipos de entrevista contra a hipótese alternativa de um "sim" ser diferente conforme o tipo de entrevista pelo Teste de Cochran.

Base "Sim" (1) e "Não" (0) Dadas por Donas de Casa a Três Tipos de Entrevista

Respostas à entrevista 1	Respostas à entrevista 2	Respostas à entrevista 3
0	0	0
1	1	0
0	1	0
0	0	0
1	0	0
1	1	0
1	1	0
0	1	0
1	0	0
0	0	0
1	1	1
1	1	1
1	1	0
1	1	0
1	1	0
1	1	1
1	1	0
1	1	0

Solução:

Teste 1
Frequências

Frequencies

	Value	
	0	1
Resposta à entrevista 1	5	13
Resposta à entrevista 2	5	13
Resposta à entrevista 3	15	3

A frequência da resposta à entrevista tipo 3 difere muito das outras duas, o que pode evidenciar que as respostas "sim" diferem em função do tipo de entrevista.

Teste 2
Teste de Cochran

Test Statistics

N	18
Cochran's Q	16.667a
df	2
Asymp. Sig.	.000

a. 0 is treated as a success.

Decisão:

Valor-p=0,000<0,05. Rejeita-se a hipótese nula de que a probabilidade de um "sim" ser o mesmo para os três tipos de entrevista.Concluímos que o número de respostas "sim" difere significativamente em relação aos tipos 1, 2 e 3 de entrevista.

Aplicação 2:

Um pedagogo de uma escola tem interesse em comparar o desempenho de 4 turmas de mesmo tamanho a 4 tipos de modelo de aula em uma disciplina. No final do ano letivo, foi registrado 1 se Aluno Aprovado e 0 se Aluno Reprovado. Utilize o Teste de Cochran para comprovar se a frequência relativa de aprovados é a mesma nos 4 modelos didáticos.

Base "Aluno Aprovado" (1) e "Aluno Reprovado" (0) Dadas a Quatro Turmas Sujeitas a Quatro Tipos de Aulas

Modelo de Aula 1	Modelo de Aula 2	Modelo de Aula 3	Modelo de Aula 4
0	1	1	1
0	0	0	0
1	0	1	0
0	0	1	1
1	0	0	0
0	0	1	0
0	0	0	0
0	0	0	0
1	0	0	0
1	1	0	0
0	1	0	0
1	1	1	1
0	0	0	1
1	0	0	0
0	0	0	0
1	1	0	1

0	1	1	1
1	1	1	0
0	0	0	1
0	0	0	1
1	1	0	0
1	0	1	1
0	0	0	1
0	0	0	1
0	0	0	0
0	1	1	1
1	1	1	1
0	1	0	0
1	0	1	1
0	1	1	0

Solução:

Teste 1
Frequências

Frequencies

	Value	
	0	1
Modelo de Aula 1	18	12
Modelo de Aula 2	18	12
Modelo de Aula 3	18	12
Modelo de Aula 4	16	14

A frequência de alunos aprovados é muito parecida nos quatro modelos de aula, o que pode evidenciar que as respostas "Alunos Aprovados" não diferem em função do tipo de aula.

Teste 2
Teste de Cochran

Test Statistics

N	30
Cochran's Q	.486a
df	3
Asymp. Sig.	.922

a. 0 is treated as a success.

Decisão:

Valor-p=0,922>0,05. Aceita-se a hipótese nula de que a frequência relativa de "Alunos Aprovados" ser a mesma nos quatro modelos de aula. Concluímos que o número de alunos "Aprovados" não difere significativamente em relação modelos 1, 2 , 3 e 4 de lecionar.

Aplicação 3:

Uma junta de 4 médicos foi convocada por órgãos do serviço público estadual para diagnosticar de forma independente 100 pacientes em avaliação para licença médica por 6 meses por alegação de leucemia. O laudo dos médicos será 1 se Apto ou 0 se Não Apto. Os laudos "Aptos" implicam, é lógico, que os médicos diagnosticaram a doença e que o seu estágio requer a licença de 6 meses iniciais para tratamento.Os resultados dos diagnósticos se encontram na tabela abaixo. Utilize o Teste de Cochran para comprovar se a frequência relativa de aptos é a mesma para os quatro médicos e conclua se no geral os pacientes receberam licença médica.

Base Laudo de uma Junta Médica a 100 Pacientes para Licença por Leucemia de um Órgão Público

Médico 1	Médico 2	Médico 3	Médico 4
1	0	0	0
1	0	1	1
1	0	0	0
0	1	1	0
0	0	0	1
1	0	1	1
0	0	0	1
0	1	0	1
1	0	0	0
1	1	0	0
1	0	1	0
0	1	0	1
1	1	0	1
0	1	0	1
0	1	1	1
1	1	1	0
0	1	0	1
1	1	1	0
1	0	0	1
1	1	0	0
1	1	1	0
1	1	0	0
0	0	0	0
1	0	0	1
1	0	1	1
1	0	0	0
0	1	0	0
1	1	1	1
0	0	1	1
0	0	1	0

1	1	1	1
1	1	0	0
1	0	0	0
1	0	0	0
0	1	0	1
0	0	1	1
0	0	0	0
0	0	1	0
0	1	0	1
1	0	0	0
0	0	1	1
1	1	1	0
0	0	1	0
1	1	1	0
0	0	1	1
1	1	1	1
0	1	0	1
1	1	0	1
1	1	1	0
0	1	0	1
1	0	0	0
0	1	0	0
1	0	1	1
0	1	0	0
0	1	1	0
1	1	0	0
0	1	1	0
0	1	1	0
0	1	0	0
1	1	0	1
1	1	0	0
1	1	0	0
0	0	1	1
1	0	0	1
0	0	0	0
1	1	0	0
0	1	1	1
0	1	1	1
1	0	1	1
1	0	0	0

0	1	1	1
0	1	0	0
1	1	0	1
1	0	1	1
1	1	1	1
1	1	1	1
1	1	1	1
0	0	1	1
1	0	1	0
0	1	0	0
1	1	1	1
0	1	0	0
0	0	1	1
0	0	0	1
0	1	0	0
1	1	1	1
1	0	0	0
0	1	1	1
0	0	1	0
0	1	0	1
0	1	1	0
1	0	0	1
0	0	0	0
1	0	1	1
0	1	1	0
1	0	1	1
0	1	1	0
0	0	1	1
1	0	0	1
1	0	0	0
1	0	1	0

1-Apto e 0-Não Apto

Solução:

Teste 1
Frequências

Frequencies

	Value	
	0	1
Médico 1	48	52
Médico 2	45	55
Médico 3	51	49
Médico 4	50	50

As frequências de "Aptos" são muito parecidas entre os peritos da junta médica.

Teste 2
Teste de Cochran

Test Statistics

N	100
Cochran's Q	.829[a]
df	3
Asymp. Sig.	.843

a. 1 is treated as a success.

Decisão:

Valor-p=0,843>0,05. Aceita-se a hipótese nula de a frequência relativa de "Aptos" ser a mesma nos quatro médicos da junta. Há evidências de que a maior parte dos pacientes receberam licença inicial de 6 meses para tratar de leucemia.

Capítulo 21

Boostrap

21.1 Conceito de Reamostragem

O tipo de estatística não paramétrica que tratamos neste livro desempenhou um importante papel na análise de dados qualitativos e de distribuição livre, portanto, não podíamos garantir a distribuição normal de probabilidade para fazer estimativas de parâmetros e de intervalos de confiança. Mas existe uma nova perspectiva sobre estimação de parâmetros e de intervalos de confiança para variáveis métricas mesmo utilizando métodos não paramétricos.

Neste método emergente, não precisamos assumir que o intervalo de confiança para uma parâmetro se baseie numa distribuição por amostragem teórica cujo modelo de probabilidade é assumido como sendo a curva normal.

Podemos gerar intervalos de confiança inclusive para a mediana, o que geralmente é difícil avaliar com as técnicas de inferência paramétrica tradicionais. Essa abordagem não paramétrica, conhecida genericamente como reamostragem, tem conquistado apoio como uma alternativa aos nossos métodos clássicos de inferência paramétrica.

A reamostragem descarta a distribuição teórica assumida para a distribuição por amostragem da estimativa de um parâmetro e calcula uma distribuição empírica, a real distribuição por amostragem da estimativa, selecionando centenas ou milhares de amostras de uma amostra original disponível.

Com a reamostragem, desconsideramos a distribuição por amostragem teórica para a estimativa, por exemplo no caso da média, que seja normalmente distribuída com média μ e variância σ^2/n.

Ao longo dos anos, estatísticos desenvolveram diversos procedimentos para selecionar múltiplas amostras necessárias para a reamostragem a partir de uma amostra disponível, denominada amostra original: uma amostra pode gerar um grande número de outras amostras que podem ser empregadas para gerar a distribuição por amostragem empírica de uma estimativa.

Portanto, reamostragem é uma estimação não paramétrica de intervalo de confiança de um parâmetro por meio do uso de uma distribuição por amostragem empiricamente obtida. A distribuição empírica é obtida a partir de múltiplas amostras da amostra original.

Reamostragem é um procedimento que se baseia no pressuposto de que a distribuição da população subjacente é a mesma que a de uma determinada amostra. A abordagem é criar um grande número de amostras a partir desta pseudo população, usando as técnicas descritas na amostragem e, em seguida, calcular algumas estatísticas (média, mediana, etc.) de cada uma das centenas de amostras colhidas.

Geralmente, a implementação da reamostragem é simples e não requer fórmulas complicadas. Ao contrário das técnicas paramétricas, nas quais alguns pressupostos são feitos (os dados precisam ser normalmente distribuídos e medidos no mínimo a nível intervalar), a distribuição da população e da distribuição por amostragem da média são desconhecidas e, então, outras técnicas não estão disponíveis.

Neste livro, nos concentraremos num dos mais potenciais deste método, que é o bootstrap.

21.2 Conceito de Bootstrap e Exemplo de Desenvolvimento no Excel

O método bootstrap obtém sua amostra via amostragem com reposição da amostra original. A chave é a substituição das observações após a amostragem, o que permite ao pesquisador criar tantas amostras quanto necessárias e jamais se preocupar quanto à repetição de elementos simultaneamente em outras amostras, se isso aconteça ao acaso.

Cada amostra pode ser analisada independentemente e os resultados compilados ao longo de várias ou centenas de amostras.

Por exemplo, para obter a distribuição por amostragem da média, pode-se selecionar 1000 amostras da amostra original e calcular as médias amostrais de cada uma dessas milhares de amostras retiradas com reposição. Com essa distribuição poderemos calcular a média da distribuição amostral, seu erro-padrão e o que é o mais importante o seu intervalo de confiança empírico sem se basear na distribuição normal ou t-Student.

Para cálculo do intervalo de confiança bootstrap temos o ***"Intervalo de Confiança Percentil"***, que é dado pela maneira:

Ordenam-se as estimativas obtidas do menor ao maior. Determinam-se limites de confiança para uma especificada probabilidade a, nível de significância, de acordo com as expressões abaixo:

- *LI= limite inferior, em que LI =B a\2,* sendo B é o número de amostras selecionadas da amostra original. Para uma boa e precisa estimação usa-se geralmente B=1000.
- *LS= limite superior, em que LS=* $B - q_l + 1$, sendo B é o número de amostras selecionadas da amostra original. Para uma boa e precisa estimação usa-se geralmente B=1000.

Se forem 1000 iterações(B) e a = 0.05, o limite inferior será o valor que ocupar a lista crescente de estimativa na 25ª posição (LI=B.a/2) e o limite superior o na 976ª posição (LS=B-LI+1).

Pode-se, então, afirmar, com uma probabilidade de 68%, 90%, 95% ou 99% que o intervalo de confiança contém o verdadeiro parâmetro sobre o qual a estimação foi baseada.

O bootstrap é uma maneira eficiente de assegurar que os modelos analíticos sejam confiáveis e produzirá resultados precisos. Ele pode ser usado para testar a estabilidade dos modelos analíticos e em procedimentos encontrados em todas as técnicas estatísticas, inclusive descritivas, tabelas cruzadas, correlações, regressões múltiplas e análises multivariadas.

O bootstrap permite que se:

- *Estime rápida e facilmente distribuição de amostras de um estimador* pela repetição da amostra com substituição a partir da amostra original.
- *Crie milhares de versões alternativas de um conjunto de dados* para se obter uma visualização mais precisa do que é provável existir na população.
- Reduza o impacto das discrepâncias e anomalias, ajudando a assegurar a estabilidade e confiabilidade de seus modelos.
- *Faça uma estimativa dos erros padrão e intervalos de confiança de um parâmetro populacional* como média, mediana, proporção, razão de chances, coeficiente de correlação, coeficiente de regressão e muitos outros parâmetros da estatística moderna.

A amostra deve ser suficientemente grande, obtida aleatoriamente, de forma a ser representativa da população.

A operacionalização do bootstrap só foi possível com a evolução dos métodos computacionais, com pacotes estatísticos que geram as milhares de amostras em poucos segundos, o mesmo ocorrendo com a construção de intervalos de confiança.

Os procedimentos bootstrap podem complementar as estimativas pontuais de métodos paramétricos fornecendo as estimativas de intervalos de confiança.

O bootstrap fornecem uma perspectiva alternativa sobre uma das avaliações-chave feitas na análise de dados: variabilidade da estimativa calculada. Essa é a base dos testes de significância. O bootstrap aumenta a habilidade do pesquisador para examinar a real distribuição por amostragem da estimativa, ao invés de confiar no ajustamento da estimativa segundo um modelo teórico.

Técnicas como o bootstrap fornecem um modo direto para "conhecer seus dados" e evitar a armadilha muito comum de assumir sem muita confiança e com muitas tolerâncias num modelo de probabilidades para uma distribuição amostra de estimativas, permitindo raciocinar sobre o que se sabe a respeito dos dados.

Vamos exemplificar abaixo como o bootstrap é realizado passo a passo para uma amostra de tamanho didático com cálculos feitos na planilha *Excel*.

1ª)Amostra Original (notas de Cálculo de alunos de economia de uma universidade) da Base Notas de Cálculo e Estatística de Graduandos de Economia)

Amostra Original
3.0
1.0
10.0
3.0
5.0
10.0
9.0
4.0
7.5
4.0
3.0
7.0
9.5
8.0
10.0
6.0
9.5
3.0
6.0
6.0

2ª)Histograma dos Dados

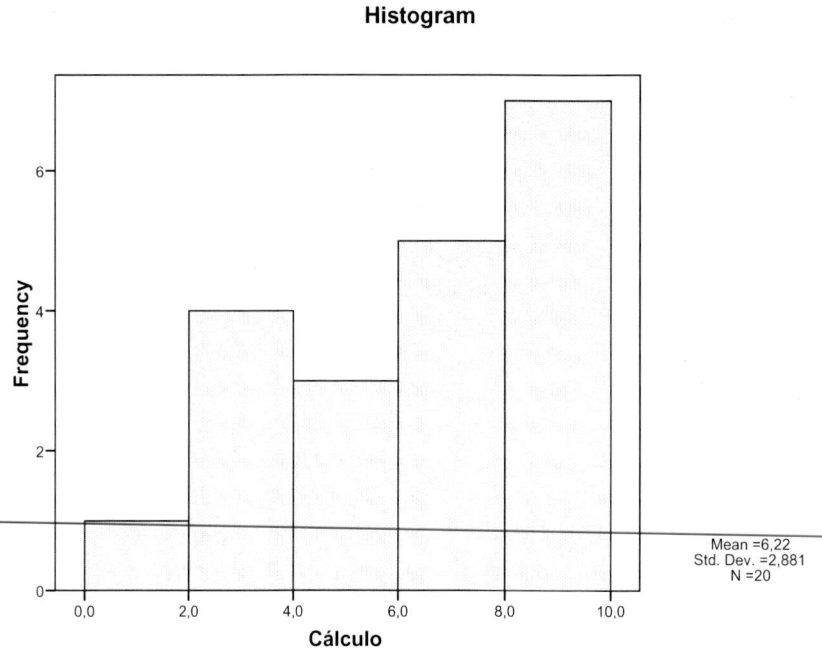

As notas em cálculo são visivelmente assimétricas, o que não se justifica o uso de uma inferência paramétrica.

3ª)20 Amostras de tamanho 20 (B=20) retiradas da amostra original no suplemento "Análise de Dados" do Excel

Amostra 1	Amostra 2	Amostra 3	Amostra 4	Amostra 5	Amostra 6	Amostra 7	Amostra 8	Amostra 9	Amostra 10
4.0	4.0	1.0	8.0	7.0	4.0	7.5	1.0	3.0	9.0
3.0	6.0	5.0	4.0	10.0	4.0	3.0	6.0	3.0	3.0
6.0	6.0	3.0	7.0	3.0	5.0	5.0	3.0	8.0	5.0
4.0	6.0	6.0	3.0	9.5	4.0	9.0	3.0	3.0	9.5
9.5	9.5	6.0	3.0	10.0	7.5	4.0	1.0	3.0	9.0
8.0	3.0	9.0	3.0	10.0	1.0	1.0	10.0	4.0	1.0
7.0	9.5	4.0	7.5	3.0	1.0	7.0	4.0	9.0	7.0
3.0	3.0	6.0	3.0	4.0	8.0	10.0	6.0	10.0	8.0
9.5	4.0	7.0	10.0	6.0	6.0	4.0	8.0	6.0	4.0
10.0	6.0	6.0	10.0	10.0	4.0	1.0	7.5	3.0	9.5
4.0	10.0	7.0	4.0	9.5	7.5	10.0	5.0	9.5	8.0
4.0	10.0	3.0	9.5	5.0	10.0	4.0	9.0	6.0	3.0
6.0	6.0	4.0	7.5	10.0	6.0	3.0	4.0	8.0	7.0
10.0	7.5	7.0	10.0	3.0	3.0	3.0	8.0	7.5	9.5
7.5	4.0	3.0	8.0	6.0	5.0	7.5	3.0	9.0	9.5
3.0	9.5	10.0	1.0	10.0	3.0	9.5	9.5	6.0	9.5
3.0	10.0	9.0	5.0	3.0	9.5	10.0	10.0	6.0	6.0
3.0	9.5	9.5	9.0	5.0	7.0	7.5	6.0	9.5	10.0
3.0	3.0	10.0	9.5	7.5	3.0	10.0	9.5	6.0	3.0
10.0	6.0	9.5	9.0	7.5	9.0	10.0	9.5	4.0	10.0

Amostra 11	Amostra 12	Amostra 13	Amostra 14	Amostra 15	Amostra 16	Amostra 17	Amostra 18	Amostra 19	Amostra 20
3.0	6.0	4.0	5.0	6.0	1.0	5.0	7.0	6.0	7.0
3.0	5.0	10.0	3.0	5.0	5.0	7.5	9.0	8.0	7.5
6.0	9.5	6.0	6.0	9.0	9.5	3.0	6.0	1.0	4.0
6.0	6.0	4.0	3.0	6.0	7.0	3.0	10.0	8.0	6.0
6.0	6.0	9.0	3.0	3.0	1.0	6.0	8.0	7.0	6.0
6.0	10.0	6.0	6.0	10.0	9.0	3.0	9.5	6.0	3.0
4.0	10.0	3.0	8.0	4.0	4.0	9.5	5.0	9.5	3.0
6.0	6.0	10.0	3.0	5.0	6.0	3.0	3.0	10.0	6.0
6.0	4.0	10.0	10.0	8.0	8.0	4.0	1.0	3.0	3.0
7.5	3.0	3.0	3.0	6.0	7.5	8.0	9.0	4.0	7.0
3.0	10.0	7.5	4.0	1.0	5.0	6.0	10.0	3.0	6.0
3.0	7.5	3.0	9.5	8.0	4.0	9.5	3.0	10.0	10.0
10.0	10.0	6.0	7.5	9.5	4.0	7.0	6.0	6.0	4.0
3.0	10.0	10.0	10.0	3.0	7.5	4.0	9.0	3.0	7.0
9.5	10.0	7.5	8.0	4.0	3.0	9.5	6.0	6.0	10.0
7.5	8.0	3.0	1.0	4.0	9.5	10.0	3.0	10.0	9.0
10.0	4.0	1.0	5.0	9.5	9.0	3.0	6.0	9.5	9.0
6.0	3.0	10.0	9.0	3.0	9.5	6.0	6.0	6.0	10.0
9.5	8.0	9.5	6.0	4.0	10.0	10.0	4.0	10.0	10.0
3.0	3.0	4.0	9.0	9.5	9.5	5.0	3.0	6.0	10.0

4ª)Distribuição por Amostragem Empírica da Amostra Original Bootstrap

Médias (Distribuição por Amostragem da Média)
4.9
5.5
5.6
5.8
5.9
6.0
6.0
6.1
6.3
6.5
6.6
6.6
6.8
6.8
6.8
6.9
7.2
7.3
7.3

5ª)Inferência Bootstrap

Média da Amostra Original	6.23	
Desvio - Padrão da Amostra Original	2.81	
Média das Médias	6.32	
Vatiância da Médias	0.40	
Desvio - Padrão das Médias	0.56	
B (Número da Amostras)	20	
Nível de Confiança	0.32	IC
LI (IC 68% Percentílico)	3	5.6
LS (IC 68% Percentílico)	18	7.3

O intervalo de confiança para a média populacional:

$$P\,[\,5{,}6 \leq \mu \leq 7{,}3\,] = 68\%$$

21.3 Sequência de Passos no SPSS para Cálculo do Intervalo Boostrap Percentil de uma Estimativa Descritiva (disponível no SPSS 21.00)

1. ANALISAR;
2. ESTATÍSTICAS DESCRITIVAS;
3. DESCRITIVOS,
4. SELECIONAR AS VARIÁVEIS DE TESTE;
5. EM BOOTSTRAP, MARCAR "Realizar bootstrapping". DEIXAR O NÚMERO DE AMOSTRAS *DEFAULT* 1000;
6. EM INTERVALO DE CONFIANÇA, DEIXAR O NÍVEL(%) DE 95%;
7. EM AMOSTRAGEM, DEIXAR SIMPLES;
8. CONTINUAR
9. OK

21.4 Sequência de Passos no SPSS para Cálculo do Intervalo Bootstrap Percentil do Coeficiente de Correlação de Pearson (disponível no SPSS 21.00)

1. ANALISAR;
2. CORRELACIONAR;
3. BIVARIÁVEL,
4. SELECIONAS AS DUAS VARIÁVEIS DE TESTE;
5. EM BOOTSTRAP, MARCAR "Realizar bootstrapping". DEIXAR O NÚMERO DE AMOSTRAS *DEFAULT* 1000;

6. EM INTERVALO DE CONFIANÇA, DEIXAR O NÍVEL(%) DE 95%;
7. EM AMOSTRAGEM, DEIXAR SIMPLES;
8. CONTINUE;
9. EM COEFICIENTE DE CORRELAÇÃO, DEIXAR *PEARSON*;
10. DEIXAR "*SINALIZAR CORRELAÇÕES SIGNIFICANTE*"
11. CONTINUAR
12. OK

21.5 Aplicações

Aplicação 1:

Da base de dados abaixo das notas de cálculo e estatística de graduandos de estatística abaixo, construir um intervalo de confiança bootstrap percentil de 95% para a média populacional.

Base Notas de Cálculo e Estatística de Graduandos de Economia

Cálculo	Estatística
1,0	2,0
5,0	4,0
6,0	5,0
3,0	1,0
10,0	8,0
9,0	9,0
9,5	8,0
10,0	9,0
10,0	9,5
9,5	9,5
6,0	8,0
6,0	8,0
7,0	7,0
7,5	6,5
8,0	8,0
4,0	4,0
3,0	3,5
4,0	5,0
3,0	4,0
3,0	6,0

Solução:

Especificações de bootstrap

Método de amostragem	Simples
Número de amostras	1000
Nível de intervalo de confiança	95,0%
Tipo de intervalo de confiança	Percentil

Foram selecionadas 1000 amostras com reposição de tamanho fixo 20 da amostra original das notas de cálculo e estatística.O intervalo de confiança calculado foi o percentil.

Tabela 2
Intervalos de Confiança Bootstrap

Estatísticas descritivas

			Bootstrap[a]			
					Intervalo de confiança 95%	
		Estatística	Viés	Modelo padrão	Inferior	Superior
Cálculo	N	20	0	0	20	20
	Mínimo	1,0				
	Máximo	10,0				
	Média	6,225	-,014	,625	4,976	7,450
	Desvio padrão	2,8813	-,0829	,2963	2,1952	3,3839
Estatística	N	20	0	0	20	20
	Mínimo	1,0				
	Máximo	9,5				
	Média	6,250	-,022	,547	5,125	7,274
	Desvio padrão	2,5521	-,0782	,3107	1,8504	3,0496
N válido (de lista)	N	20	0	0	20	20

a. A menos que seja afirmado o contrário, os resultados de boostrap são baseados em 1000 amostras de bootstrap

Intervalo de Confiança Bootstrap para a Nota de Cálculo:

$$P\,[\,5{,}0 \leq \mu \leq 7{,}4\,] = 95\%$$

Intervalo de Confiança Bootstrap para a Nota de Estatística:

$$P\,[\,5{,}1 \leq \mu \leq 7{,}3\,] = 95\%$$

Aplicação 2:

Da base de dados abaixo das notas de cálculo e estatística de graduandos de estatística abaixo, construir um intervalo de confiança bootstrap percentil de 95% para o coeficiente de correlação linear de *Pearson*.

Base Notas de Cálculo e Estatística de Graduandos de Economia

Cálculo	Estatística
1,0	2,0
5,0	4,0
6,0	5,0
3,0	1,0
10,0	8,0
9,0	9,0
9,5	8,0
10,0	9,0
10,0	9,5
9,5	9,5
6,0	8,0
6,0	8,0
7,0	7,0
7,5	6,5
8,0	8,0
4,0	4,0
3,0	3,5
4,0	5,0
3,0	4,0
3,0	6,0

Solução:

Especificações de bootstrap

Método de amostragem	Simples
Número de amostras	1000
Nível de intervalo de confiança	95,0%
Tipo de intervalo de confiança	Percentil

Foram selecionadas 1000 amostras com reposição de tamanho fixo 20 da amostra original das notas de cálculo e estatística.O intervalo de confiança calculado foi o percentil.

Tabela 2
Intervalos de Confiança Bootstrap

Correlações

				Cálculo	Estatística
Cálculo	Correlação de Pearson			1	,883**
	Sig. (2 extremidades)				,000
	N			20	20
	Bootstrap[b]	Viés		0	,000
		Modelo padrão		0	,047
		Intervalo de confiança 95%	Inferior	1	,768
			Superior	1	,957
Estatística	Correlação de Pearson			,883**	1
	Sig. (2 extremidades)			,000	
	N			20	20
	Bootstrap[b]	Viés		,000	0
		Modelo padrão		,047	0
		Intervalo de confiança 95%	Inferior	,768	1
			Superior	,957	1

**. A correlação é significativa no nível 0,01 (2 extremidades).

b. A menos que seja afirmado o contrário, os resultados de boostrap são baseados em 1000 amostras de bootstrap

Intervalo de Confiança Boostrap para Coeficiente de Correlação Populacional (ρ):

$$P\,[\,0{,}768 \leq \rho \leq 0{,}957\,] = 95\%$$

Testes de Significância pelo Intervalo de Confiança:

Decisão:

Como o zero está fora do intervalo de confiança, a estimativa r=0,883 é significante. O coeficiente de correlação entre as notas de cálculo e estatística é nula na população de alunos no curso de economia.

Testes de Significância pelo Valor-p:

Decisão:

Valor-p = 0,000 < 0,05, rejeita-se a hipótese nula de que o coeficiente de correlação entre as notas de cálculo e estatística é nula na população de alunos no curso de economia.

Aplicação 3:

Um engenheiro florestal observou a percentagem de germinação (%G) *Tibouchina Pulchra Cogn* em três diferentes temperaturas. A base de dados está abaixo. Crie intervalos de confiança bootstrap para as frequências relativas das porcentagens de germinação observadas em cada temperatura.

Base Porcentagem de Germinação por Temperatura (%G)

20° C	25° C	30° C
10	41	68
10	44	68
10	42	70
9	42	69
9	42	70
9	41	69
9	40	70
8	41	69
11	40	68
10	43	70
10	41	70
10	43	72
9	43	69
10	42	69
9	42	69
10	43	69
9	42	71
9	43	68
9	44	70
11	43	69
10	42	70
9	41	70
10	43	71
11	44	70
9	45	70
10	44	71
9	43	70
11	42	70
9	41	72
10	42	67
9	42	71
11	43	69
9	43	70
10	43	70
9	42	69
9	43	69
8	43	70
9	43	68
9	43	68
10	42	70

Solução:

Tabelas de Frequência das %G

20° C

		Frequência	Porcentual	Porcentagem válida	Porcentagem acumulativa	Bootstrap para Porcentual[a] Viés	Modelo padrão	Intervalo de confiança 95% Inferior	Superior
Válido	8	2	5,0	5,0	5,0	,1	3,5	,0	12,5
	9	19	47,5	47,5	52,5	-,1	7,9	32,5	62,5
	10	14	35,0	35,0	87,5	,1	7,4	22,5	50,0
	11	5	12,5	12,5	100,0	-,2	5,4	2,5	24,9
	Total	40	100,0	100,0		,0	,0	100,0	100,0

a. A menos que seja afirmado o contrário, os resultados de boostrap são baseados em 1000 amostras de bootstrap

25° C

		Frequência	Porcentual	Porcentagem válida	Porcentagem acumulativa	Bootstrap para Porcentual[a] Viés	Modelo padrão	Intervalo de confiança 95% Inferior	Superior
Válido	40	2	5,0	5,0	5,0	,1	3,6	,0	12,5
	41	6	15,0	15,0	20,0	,0	5,7	5,0	27,5
	42	12	30,0	30,0	50,0	-,3	7,3	15,0	42,5
	43	15	37,5	37,5	87,5	,2	7,7	22,5	52,5
	44	4	10,0	10,0	97,5	,0	4,7	2,5	20,0
	45	1	2,5	2,5	100,0	-,1	2,4	,0	7,5
	Total	40	100,0	100,0		,0	,0	100,0	100,0

a. A menos que seja afirmado o contrário, os resultados de boostrap são baseados em 1000 amostras de bootstrap

30° C

		Frequência	Porcentual	Porcentagem válida	Porcentagem acumulativa	Bootstrap para Porcentual[a] Viés	Modelo padrão	Intervalo de confiança 95% Inferior	Superior
Válido	67	1	2,5	2,5	2,5	,0	2,4	,0	7,5
	68	6	15,0	15,0	17,5	,1	5,6	5,0	27,5
	69	11	27,5	27,5	45,0	,1	7,3	15,0	42,5
	70	16	40,0	40,0	85,0	-,1	7,7	25,0	55,0
	71	4	10,0	10,0	95,0	,1	4,8	2,5	20,0
	72	2	5,0	5,0	100,0	-,2	3,4	,0	12,5
	Total	40	100,0	100,0		,0	,0	100,0	100,0

a. A menos que seja afirmado o contrário, os resultados de boostrap são baseados em 1000 amostras de bootstrap

As porcentagens de germinação são maiores na temperatura de 30°C. Na temperatura de 30° C, por exemplo, a porcentagem de germinação de 70% varia na população de 25% a 55% na *Tibouchina Pulchra Cogn* .

Aplicação 4:

Um engenheiro florestal observou o índice de velocidade de germinação (IVG) de *Tibouchina Pulchra Cogn* em três diferentes temperaturas. A base de dados está abaixo. Crie intervalos de confiança bootstrap para as médias observadas em cada temperatura.

Base Índice de Velocidade de Germinação (IVG)

20º C	25º C	30º C
0.27	1.94	3.55
0.32	1.96	3.57
0.25	1.94	3.59
0.17	1.80	3.49
0.21	1.91	3.61
0.23	1.97	3.61
0.28	1.93	3.76
0.27	1.89	3.65
0.22	1.85	3.54
0.20	2.00	3.66
0.16	1.94	3.63
0.32	1.95	3.63
0.23	1.98	3.66
0.31	1.92	3.63
0.30	1.92	3.50
0.23	2.00	3.67
0.18	2.00	3.64
0.28	1.94	3.62
0.22	1.99	3.66
0.39	2.00	3.63
0.25	1.89	3.62
0.17	1.90	3.67
0.36	1.96	3.54
0.32	2.00	3.66
0.26	1.95	3.66
0.30	1.89	3.61
0.26	1.84	3.62
0.32	1.90	3.59
0.24	2.00	3.57
0.21	2.00	3.61
0.25	2.06	3.67
0.21	1.86	3.60
0.24	1.93	3.57
0.31	1.97	3.58
0.31	1.95	3.61
0.27	1.88	3.58
0.29	2.01	3.67

0.17	2.05	3.66
0.24	1.92	3.62
0.27	1.94	3.55

Solução:

Especificações de bootstrap

Método de amostragem	Simples
Número de amostras	1000
Nível de intervalo de confiança	95,0%
Tipo de intervalo de confiança	Percentil

Foram selecionadas 1000 amostras com reposição de tamanho fixo 40 da amostra original de *Tibouchina Pulchra Cogn* em três diferentes temperaturas.O intervalo de confiança calculado foi o percentil.

Tabela 2
Intervalos de Confiança Bootstrap

Estatísticas descritivas

			Bootstrap[a]			
					Intervalo de confiança 95%	
		Estatística	Viés	Modelo padrão	Inferior	Superior
20° C	N	40	0	0	40	40
	Média	,2564	,0000	,0088	,2391	,2736
25° C	N	40	0	0	40	40
	Média	1,9422	,0002	,0088	1,9250	1,9597
30° C	N	40	0	0	40	40
	Média	3,6149	,0001	,0078	3,6003	3,6304
N válido (de lista)	N	40	0	0	40	40

a. A menos que seja afirmado o contrário, os resultados de boostrap são baseados em 1000 amostras de bootstrap

Intervalo de Confiança Bootstrap da Média para 20º C:

$$P\,[\,0{,}24\% \leq \mu \leq 0{,}27\%\,] = 95\%$$

Intervalo de Confiança Bootstrap da Média para 25º C:

$$P\,[\,1{,}92\% \leq \mu \leq 1{,}96\%\,] = 95\%$$

Intervalo de Confiança Bootstrap da Média para 30º C:

$$P\,[\,3{,}60\% \leq \mu \leq 3{,}63\%\,] = 95\%$$

Portanto, o maior índice de velocidade de germinação de *Tibouchina Pulchra Cogn* é a 30º C.

Capítulo 22

Regressão Logística

22.1 Conceito

Os modelos de regressão constituem uma das ferramentas estatísticas mais importantes na análise estatística de dados quando se pretende modelar relações entre variáveis. O principal objetivo destes modelos é explorar a relação entre uma ou mais variáveis explicativas (ou independentes) e uma variável resposta (ou dependente). Um dos casos particulares dos *modelos lineares generalizados* são os modelos nos quais a variável resposta apresenta apenas duas categorias ou que de alguma forma foi dicotomizada assumindo valores 0 ou 1 sendo o modelo de regressão logística o mais popular desses modelos.

A regressão logística é uma técnica estatística que tem como objetivo modelar, a partir de um conjunto de observações, a relação "logística" entre uma variável resposta dicotômica e uma série de variáveis explicativas numéricas (contínuas, discretas) e/ou categóricas.

A regressão logística é uma técnica estatística que tem como objetivo produzir, a partir de um conjunto de observações, um modelo que permita a predição de valores tomados por uma variável categórica, frequentemente binária, a partir de uma série de variáveis explicativas quantitativas e/ou binárias.

O modelo de regressão logística é semelhante ao modelo de regressão linear. No entanto, no modelo logístico a variável resposta Y_i é binária. Uma variável binária assume dois valores, como por exemplo, $Y_i = 0$ e $Y_i = 1$ denominados "fracasso" e "sucesso", respectivamente. Neste caso, "sucesso" é o evento de interesse.

A regressão logística é amplamente usada em ciências médicas e sociais, e tem outras denominações, como *modelo logístico, modelo logit e classificador de máxima entropia.*

O êxito da regressão logística assenta, sobretudo, nas numerosas ferramentas que permitem interpretar de modo aprofundado os resultados obtidos.

Em comparação com as técnicas conhecidas em regressão, em especial a regressão linear, a regressão logística distingue-se essencialmente pelo fato de a variável resposta ser categórica.

A regressão logística faz parte dos modelos de regressão não linear ou modelos lineares generalizados, porque as variáveis respostas são discretas e os erros não são normalmente distribuídos.

O modelo de regressão não linear logístico é, então, utilizado quando a variável resposta é qualitativa com dois resultados possíveis, por exemplo, sobrevivência de enxertos de ameixeiras (sobrevive ou não sobrevive). Este modelo pode ser estendido quando a variável resposta qualitativa tem mais do que duas categorias; por exemplo, a pressão sanguínea pode ser classificada como alta normal e baixa.

22.2 Modelos de Regressão com Variáveis Respostas Binárias

Em muitos estudos a variável resposta qualitativa tem duas possibilidades e, assim, pode ser representada pela variável indicadora, recebendo os valores 0 (zero) e 1 (um).

Exemplos:

1. O objetivo da análise é verificar se uma firma tem ou não um departamento de relação industrial, de acordo com o seu tamanho. A variável resposta tem duas possibilidades: a firma tem ou não tem o departamento. Estes resultados podem ser codificados como 1 e 0 (ou vice-versa).

2. Num estudo sobre a participação das esposas no mercado de trabalho, como função da idade da esposa, número de filhos e rendimento do marido, a variável resposta Y foi definida do seguinte modo: a mulher participa do mercado de trabalho ou não. Novamente, estas respostas podem ser codificadas como 1 e 0, respectivamente.

22.3 Modelo Matemático da Regressão Logística

O modelo matemático da regressão logística quando a variável dependente é binária é:

$$P(Y=1)=\frac{1}{(-\beta_0-\beta_1-X_1-\beta_2-X_2-\ldots\beta_p-X_p)1+e}$$

Os termos α e β_i neste modelo representam parâmetros desconhecidos que serão estimados com base nos dados amostrais obtidos pelo método da máxima verossimilhança (maximiza a probabilidade de o elemento pertencer ao grupo considerado o sucesso na análise).

Assim, sabendo os parâmetros α e β_i e conhecendo os valores das variáveis independentes para um elemento, podemos aplicar a fórmula acima para calcular a probabilidade de que o sucesso ocorra, isto é, que um elemento pertença ao grupo tido como sucesso.

Logo, a resposta média, quando a variável resposta é uma variável binária (1 ou 0), sempre representa a probabilidade de $Y = 1$, para os níveis da variável preditora X_i.

P(Y=1) é a probabilidade média da ocorrência do sucesso e X_1 , X_2, X_3 , ... , X_p são as variáveis explicativas do modelo e β_0 , β_1 , β_2 , ... , β_p são os parâmetros desconhecidos do modelo, a serem estimados.

Como a função resposta representa probabilidades quando a variável resposta é binária, então:

$$0 \leq P(Y=1) \leq 1$$

Entretanto, esta restrição é inapropriada para resposta em um modelo linear, que assume valores no intervalo $(-\infty,\infty)$ Uma forma de resolver esse problema é utilizar o modelo logístico.

Exemplo:

A restrição na resposta média de apresentar valores no intervalo [0; 1], frequentemente é inapropriada, ou mesmo impossível, para uma modelagem linear. Para o exemplo do departamento de relação industrial, o uso da função de resposta linear não é apropriada para um modelo sujeito a restrição de resposta média de probabilidade 0 (zero) para todas as firmas pequenas e uma resposta de probabilidade 1 (um) para todas as firmas grandes.

Portanto, ratifica-se um modelo não linear para a regressão logística e as respostas médias não se comportam como se distribuindo normalmente, o que o remete a um ramo dos métodos não paramétricos.

22.4 Modelo Gráfico da Regressão Logística

Na figura a seguir, a variável indicadora *Y* corresponde se a firma tem ou não tem um departamento de relação industrial e a variável preditora *X* corresponde ao tamanho da firma. A função resposta mostra a probabilidade que uma firma de um dado tamanho tenha um departamento de relação industrial.

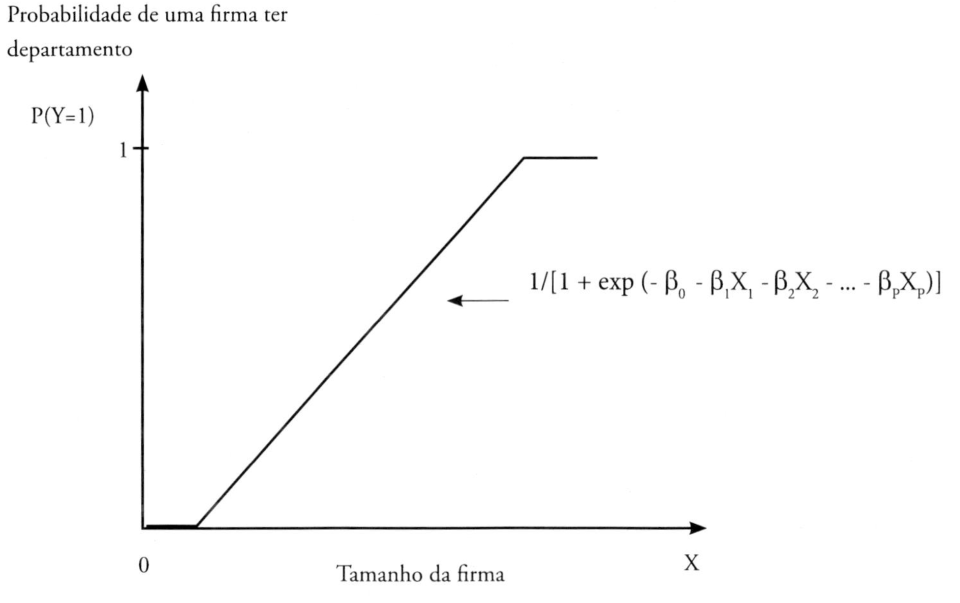

Este modelo frequentemente não representa bem a situação em estudo. Ao invés, um modelo no qual as probabilidades 0 e 1 são encontradas assintoticamente, como mostra a figura a seguir, é, de modo geral, mais apropriado.

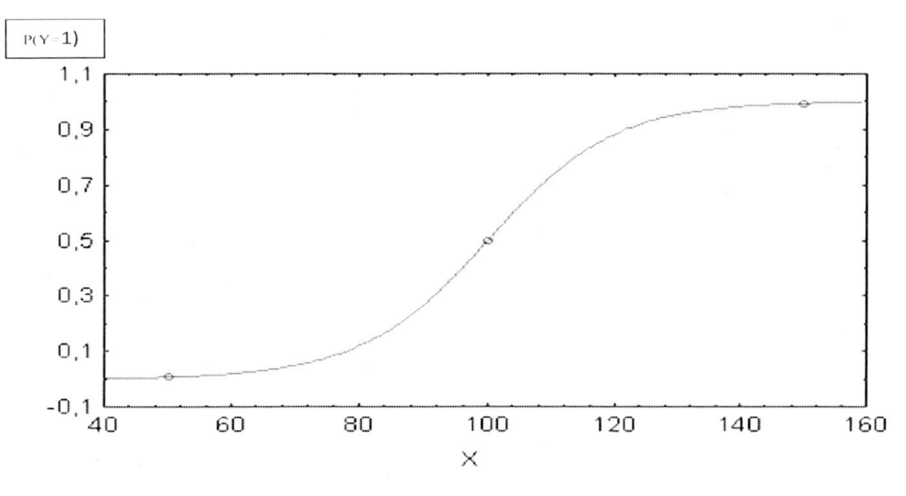

A função logística é perfeitamente aplicável aos problemas pesquisa quantitativa porque é uma função que varia também entre 0 e 1. É um função em forma de S alongado. Seu modelo calcula a probabilidade do efeito.

22.5 Usos da Função Logística

- ***Descritivo:*** *descrever a natureza do relacionamento entre a resposta média (isto é, a probabilidade de comprar, por exemplo) e uma (ou mais) variáveis regressoras.*
- ***Preditivo:*** *predizer qual o provável grupo a que pertence um elemento fora da base de dados em função de seus valores das variáveis explicativas. Por exemplo, saber se uma pessoa comprará um automóvel no próximo ano ou não, dado o seu rendimento.*

22.6 Odds Ratio ou Razão de Chances

Uma das grandes vantagens da regressão logística é que cada coeficiente estimado fornece uma estimativa do logaritmo natural (*ln*) do odds ratio ajustado para todas as variáveis do modelo, permitindo a estimação direta do odds ratio pela exponenciação do coeficiente β_i:

$$\psi = e^{\beta_i}$$

É denominada, então, razão de chances (odds ratio) a estatística que mede o quanto o sucesso é mais provável que o fracasso. Lembrando, o coeficiente de associação Ψ (*odds ratio*) expressa o número de vezes em que a presença do fator aumenta a chance de ocorrência do efeito, comparado com a ausência do fator.

Exemplo 1: se a razão é 5, significa que a probabilidade de sucesso é 5 vezes maior que a probabilidade de fracasso. Razão de chance fica multiplicada por $e^{0,6} = 1,82$. Isso equivale a aumentar 82% a chance do sucesso em detrimento do fracasso. Conclusão: para cada aumento em uma unidade da independente X, a razão de chances é multiplicada por e β_1 que nesse caso equivale a aumentar 82% a chance do sucesso Y=1.

Exemplo 2: Suponha que tenhamos um modelo de regressão logística em que Y=1 reflete o sucesso "*Não repete*" e Y=0 o fracasso "*Repete*". A variável explicativa seria X= leitura, em que X=1 quando o aluno lê e X=0 quando o aluno não lê. Vamos supor que coeficiente β_1= 1,378, a razão de chance será:

$$\psi = e^{1,378} = 4$$

O coeficiente de associação ψ (*odds ratio*) expressa o número de vezes em que a presença do fator (no exemplo leitura) aumenta a chance de ocorrência da repetência, comparado com a ausência do fator.

No exemplo, ψ = **4** indica que quem lê pode ter 4 vezes mais chances de ter não repetir, comparado com quem não lê, em literatura.

$\psi \geq 1 \rightarrow$ a variável X=1, lê, é ***Fator de Proteção*** para "*Não Repetir*".
$\psi < 1 \rightarrow$ a variável X=0, não lê, é ***Fator de Risco*** para "*Repetir*".

No exemplo, Y=1 é "*Não Repetir*", sentido positivo, logo Ψ = 4>1 e significa quem lê é ***Fator de Proteção*** para X=0, que é "*Repetir*".

Portanto,

Quando Y=1 tiver sentido positivo:

$\psi \geq 1 \rightarrow$ X=1 é ***Fator de Proteção*** para Y_i assumindo sentido Y=0.
$\psi < 1 \rightarrow$ *X=0* é ***Fator de Risco*** para Y_i assumindo sentido Y=0.

Quando Y=1 tiver sentido negativo:

$\psi \geq 1 \rightarrow$ X=0 é ***Fator de Risco*** para Y_i assumindo sentido Y=1.
$\psi < 1 \rightarrow$ X=1é ***Fator de Proteção*** para Y_i assumindo sentido Y=1.

22.7 Avaliação da Qualidade do Modelo Logístico

Pseudo R^2

Há várias medidas de associação que pretendem servir como um R^2 na regressão logística.
Porém, nenhuma destas medidas é realmente R^2.

A interpretação não é a mesma, mas eles podem ser vistos como uma aproximação da variação na variável dependente, devido à variação nas variáveis independentes.

Para comparação de grau de ajuste entre modelos é mais apropriado fazer o teste de qui-quadrado da razão da verossimilhança (análise das *deviances*).

Para avaliação da qualidade do modelo ajustado é usual realizar dois testes:

1°) Teste Wald

Cada significância dos coeficientes β_i é avaliada usando o teste de Wald , que é simplesmente um teste de escore Z.

Os testes dos coeficientes de regressão são aproximação do escore Z, os quais são posteriormente elevados ao quadrado, fazendo com que esta estatística tenha distribuição de qui-quadrado.

Este teste é usado para avaliar a significância de cada coeficiente β_i no modelo.

O Teste de Wald é conhecido por ser conservador (aumenta o erro do tipo II).

2º) Análise das Deviances

Deviances é uma estatística que se propõe o poder de explicação ou de determinação do modelo adotado, ou seja, com as variáveis explicativas selecionadas e incluídas na equação do modelo logístico.

Deviances é utilizada para fazer análise dos resíduos para modelos logísticos. São medidas úteis para avaliar o quão bem o modelo selecionado ajustou-se aos dados.

Devido *-2LV* (*log da verossimilhança*) ter aproximadamente uma distribuição qui-quadrado, -2LV pode ser usada para avaliar a significância da regressão logística, análogo ao uso da soma dos quadrados dos erros na regressão mínimos quadrados ordinários.

A estatística *-2LV* é a estatística "***deviance em etapas***" para regressão logística e é também chamada "***desvio qui-quadrado***", ou "***L-quadrado***". Ele é chamado de teste de ***"adequabilidade do ajuste"*** no SPSS, mas alguns pesquisadores o chamam de teste de "***ruindade do ajuste***" porque *deviance* reflete o erro associado com o mesmo modelo após as variáveis independentes serem incluídas nele.

Assim ela tem a ver com a significância da variância não explicada da variável dependente.

Modelos precisam ser aninhados para comparação, ou seja, todas as variáveis independentes do menor modelo (restrito) devem estar incluídas no maior modelo (irrestrito).

O Teste da *Deviance* é mais acurado do que o Teste de Wald, sendo preferível o seu uso em amostras de tamanho pequeno ou moderado. Para grandes amostras as duas estimativas fornecem resultados muito próximos um do outro. Em tese, as duas condições para avaliação do modelo deveriam ser equivalentes e bastaria considerar uma delas. No entanto, o teste de hipótese para significância dos coeficientes de regressão β_i, baseado na estatística *Wald (sob* algumas condições) pode estar viesada. Por esta razão, recomenda-se que a decisão sobre a adequação dos modelos estimados seja feita baseada decisivamente na diminuição das *deviances,* ao comparar o modelo irrestrito em questão com o modelo restrito, que não inclua a variável em questão. Este será o procedimento deste estudo.

O SPSS fornece as estatísticas da análise de regressão logística:

- *Os coefcientes* β_i*;*
- *As odds ratio ou razão de chances;*
- *As deviances ao ser incluída cada variável explicativa no modelo*

22.8 Sequência de Passos no SPSS para Realização da Regressão Logística

1. ANALYZE
2. REGRESSION
3. BINARY LOGISTIC
4. DEPENDENT: indicar a variável dependente ou variável desfecho do modelo (em 0 ou 1)
5. COVARIATES: selecione a primeira variável independente e dê NEXT. Selecione a segunda variável independente e dê NEXT. E assim sucessivamente até que todas as variáveis explicativas estejam incluídas no modelo.
6. OK

Observação:

Esta sequência aborda o procedimento de irmos passo a passo acrescentando cada uma das variáveis independentes no modelo e verificando as deviances. A ideia é verificar que se as "ruindades dos ajustes" diminuem com o acréscimo de cada variável preditora, o modelo vai se aprimorando até chegar a um nível máximo. O SPSS somente aceita até 9 variáveis explicativas no modelo logístico neste processo em etapas.

22.9 Aplicações

Aplicação 1:

O objetivo da análise é verificar se uma firma tem ou não um departamento de relação industrial (Y), de acordo com o seu tamanho (X). A variável resposta tem duas possibilidades: a firma tem (Y=1) ou não tem (Y=0) o departamento. O estudo tem duas variáveis explicativas.A primeira variável explicativa tem duas possibilidades grande empresa (X_1=1) e pequena empresa (X_1=0). A segunda variável explicativa é a empresa não ter serviços terceirizados (X_2=1) e a empresa tem serviço terceirizado (X_2=0) O analista selecionou 100 empresas e os resultados se encontram na base de dados abaixo. Realize uma análise de Regressão Logística dos dados.

Base Grandes e Pequenas Empresas Com ou Sem Departamento de Relação Industrial, Com ou Sem Serviço Terceirizado

Y	X_1	X_2
1	1	1
1	0	1
1	1	1
1	0	1
1	1	1
1	1	1
1	1	1
1	1	0
1	1	1
1	1	1
1	1	1
1	1	1
1	1	0
1	1	1
1	1	1
1	1	1
1	1	1
1	0	1
1	1	0
1	1	1
1	0	1

1	1	1
1	1	1
1	0	1
1	1	1
1	1	1
1	0	1
1	1	1
1	1	1
1	1	1
1	1	1
1	1	1
1	1	1
1	1	1
1	1	1
1	1	1
1	1	1
1	1	1
1	1	1
1	1	1
1	1	1
1	1	1
1	0	1
1	1	1
1	1	1
1	1	1
1	1	1
1	1	1
1	1	1
1	1	1
0	0	0
0	0	0
0	1	1
0	0	0
0	0	0
0	0	0
0	1	1
0	0	0
0	0	0
0	0	0
0	1	1

0	0	0
0	0	0
0	0	0
0	0	0
0	0	0
0	0	0
0	1	0
0	1	0
0	0	0
0	0	0
0	0	0
0	0	0
0	0	0
0	1	1
0	0	0
0	0	0
0	0	0
0	0	0
0	0	0
0	0	0
0	0	0
0	0	0
0	0	0
0	0	0
0	0	1
0	0	0
0	0	0
0	0	1
0	0	0
0	0	0
0	0	0
0	0	1
0	0	0
0	0	0
0	0	0
0	0	0
0	0	0
0	0	0
0	0	1

Solução:

Tabela 1
Modelo 1

Model Summary

Step	-2 Log likelihood	Cox & Snell R Square	Nagelkerke R Square
1	77.229[a]	.459	.612

a. Estimation terminated at iteration number 5 because parameter estimates changed by less than .001.

Variables in the Equation

		B	S.E.	Wald	df	Sig.	Exp(B)
Step 1[a]	X1	3.808	.596	40.783	1	.000	45.048
	Constant	-1.838	.407	20.408	1	.000	.159

a. Variable(s) entered on step 1: X1.

O modelo 1 inclui somente a variável X_1 (tamanho da empresa). Com esse modelo, o valor-p é 0,000 para o teste de Wald, o que evidencia que o coeficiente de regressão é significante. A *deviance* é 77,229 e deve ser comparada com o modelo 2, quando a variável X_2 (contrata serviços terceirizados) é incluída no modelo: se a deviance diminuir o melhor modelo é o modelo 2, se aumentar, o modelo 1 é o que deve ser retido.

Tabela 2
Modelo 2

Model Summary

Step	-2 Log likelihood	Cox & Snell R Square	Nagelkerke R Square
1	53.415[a]	.573	.765

a. Estimation terminated at iteration number 6 because parameter estimates changed by less than .001.

Variables in the Equation

		B	S.E.	Wald	df	Sig.	Exp(B)
Step 1[a]	X1	2.678	.724	13.682	1	.000	14.561
	X2	3.431	.779	19.380	1	.000	30.900
	Constant	-3.369	.728	21.434	1	.000	.034

a. Variable(s) entered on step 1: X2.

O modelo 2 inclui as variável X_1 (tamanho da empresa) e a variável X_2 (contrata serviços terceirizados). Com esse modelo, o valor-p é 0,000 para o teste de Wald para os coeficientes de regressão das duas variáveis explicativas, o que evidencia que os mesmos são significantes.

A *deviance* é 53,415; menor que a deviance do modelo 1. Portanto, é o modelo que deve ser adotado.

O modelo da regressão logística do estudo fica:

$$P(Y=1)=\frac{1}{3,37-2,68X_1-3,43X_2 1+e}$$

Interpretação das Odds Ratio ou Razão de Chances:

Temos que Y=1 é ter um departamento de relação industrial, logo tem sentido positivo, então:

Tamanho da Empresa:

*ψ = 14,56 ≥ 1 → X = 1, ser uma grande empresa, é **Fator de Proteção** para Y_i assumindo sentido Y=0, não ter um departamento de relação industrial. O modelo indica que as empresas grandes têm 14,56 mais chances de ter um departamento de relação industrial que uma empresa pequena*

Contrata Serviços Terceirizados:

*ψ = 30,90 ≥ 1 → X=1, não ter contratos de serviços terceirizados, é **Fator de Proteção** para Y_i assumindo sentido Y=0, não ter um departamento de relação industrial. Quem não tem contratação de serviços terceirizados, tem 30,9 mais chances de ter um departamento de relação industrial do quem tem serviço terceirizado.*

Aplicação 2:

Estresse ou stresse pode ser definido como (a) a soma de respostas físicas e mentais causadas por determinados estímulos externos (estressores) e que não permitem ao indivíduo (humano ou animal) superar determinadas exigências do meio ambiente e (b) o desgaste físico e mental causado por esse processo.O estresse pode ser causado pela ansiedade e pela depressão devido à mudança brusca no estilo de vida e a exposição a um determinado ambiente, que leva a pessoa a sentir um determinado tipo de angústia. Quando os sintomas de estresse persistem por um longo intervalo de tempo, podem ocorrer sentimentos de evasão (ligados à ansiedade e depressão). Os nossos mecanismos de defesa passam a não responder de uma forma eficaz, aumentando assim a possibilidade de vir a ocorrer doenças, especialmente cardiovasculares.São muitos os fatores que podem causar stress. Doenças, como gripes, inflamações ou infecções; até mesmo queimaduras de sol e excesso de exercício físico são estressores físicos. Preocupações constantes, angústias, dificuldades de relacionamento, brigas; eventos mais extremos como perdas importantes - divórcio, falecimentos de pessoas queridas causam stress mental e emocional. Outros eventos situacionais, de estilo de vida, como tipo do trabalho, excesso de atividades e responsabilidades, quantidade de horas de trabalho diárias e tempo de descanso, trânsito e transporte entre casa e trabalho e alimentação inadequada, entre diversos outros, são igualmente agressivos para o equilíbrio físico e mental. É altamente indicado "diminuir a velocidade", que a pessoa consiga permitir a si mesma um período de desligamento das pressões (às vezes, é possível fazer isto sem deixar o trabalho). Primeiro, é preciso abrir tempo para descansar, relaxar, repensar a vida e dar espaço para que o corpo se cure. Segundo, aceitar cuidados profissionais. Fazer terapia pode abrir o espaço necessário para aprender a cuidar de si, também para repensar os sonhos, esperanças, objetivos e também questionar os meios para alcançá-los. Um pesquisador levantou uma amostra com 40 pacientes com stresse (Y=1) e 40 pacientes sem stresse (Y=0). De cada um deles verificou quem estava em repouso (X_1=1) e sem repouso (X_1=0) e também os que estavam fazendo terapia (X_2=1) e não estavam fazendo terapia (X_2=0). Realize uma Regressão Logística dos dados.

Base Cuidados com o Stresse

Stress (Y)	Repouso (X_1)	Fazer Terapia (X_2)
1	0	0
1	1	1
1	1	1
1	1	1
1	1	0
1	1	1
1	1	1
1	0	0
1	1	1
1	1	1
1	1	1
1	1	1
1	1	1
1	1	1
1	1	1
1	1	0
1	0	0
1	1	1
1	0	1
1	1	0
1	1	1
1	1	1
1	0	1
1	1	1
1	1	1
1	1	1
1	0	1
1	1	1
1	1	1
1	1	1
1	1	1
1	1	1
1	1	1
1	1	1
1	0	1
1	1	1
1	1	1

1	1	1
1	1	1
1	1	1
0	0	0
0	0	0
0	0	0
0	1	0
0	0	0
0	0	0
0	0	0
0	1	0
0	0	0
0	0	0
0	0	1
0	0	0
0	0	0
0	0	0
0	0	0
0	0	0
0	1	0
0	0	1
0	0	0
0	0	0
0	0	0
0	1	1
0	0	0
0	1	0
0	0	0
0	0	0
0	1	1
0	0	0
0	0	0
0	1	0
0	0	0
0	0	0
0	0	0
0	0	0
0	0	1
0	0	0
0	0	0

0	0	0
0	1	1
0	1	1

Solução:

Tabela 1
Modelo 1

Model Summary

Step	-2 Log likelihood	Cox & Snell R Square	Nagelkerke R Square
1	79.951[a]	.321	.428

a. Estimation terminated at iteration number 4 because parameter estimates changed by less than .001.

Variables in the Equation

		B	S.E.	Wald	df	Sig.	Exp(B)
Step 1[a]	Repouso	2.787	.563	24.546	1	.000	16.238
	Constant	-1.488	.418	12.645	1	.000	.226

a. Variable(s) entered on step 1: Repouso.

O modelo 1 inclui somente a variável **Repouso**. Com esse modelo, o valor-p é 0,000 para o teste de Wald, o que evidencia que o coeficiente de regressão de **Repouso** é significante. A *deviance* é 79,951 e deve ser comparada com o modelo 2, quando a variável **Terapia** é incluída no modelo: se a *deviance* diminuir, o melhor modelo é o modelo 2, se aumentar, o modelo 1 é o que deve ser retido.

Tabela 2
Modelo 2

Model Summary

Step	-2 Log likelihood	Cox & Snell R Square	Nagelkerke R Square
1	64.488[a]	.440	.587

a. Estimation terminated at iteration number 5 because parameter estimates changed by less than .001.

Variables in the Equation

		B	S.E.	Wald	df	Sig.	Exp(B)
Step 1[a]	Repouso	1.725	.665	6.731	1	.009	5.613
	Terapia	2.524	.663	14.486	1	.000	12.474
	Constant	-2.235	.541	17.087	1	.000	.107

a. Variable(s) entered on step 1: Terapia.

O modelo 2 inclui Terapia. Com esse modelo, o valor-p =0,009<0,05 para o coeficiente de regressão de **Repouso**, evidenciando que este coeficiente é significante estatisticamente. Para a variável **Terapia**, o Valor-p=0,000<0,05; rejeita-se também a hipótese nula de que o coeficiente de regressão desta variável é igual a zero, isto é, é significante.

A *deviance* no modelo 2 cai para 64,488. Portanto, o modelo de regressão logística é aquele que deve conter as variáveis **Repouso** e **Terapia** incluídas.

O modelo da regressão logística do estudo fica:

$$P(Y=1)=\frac{1}{1+e^{2,24-1,72\ \text{Repouso}-2,52\ \text{Terapia}}}$$

Interpretação das Odds Ratio ou Razão de Chances:

Temos que Y=1 é estar com stresse, logo tem sentido negativo, então:

Repouso:

$\psi = 5,61 \geq 1 \rightarrow X_1=0$, não estar em repouso é ***Fator de Risco*** *para Y=1, stresse. Não estar em repouso, aumenta em 5,61 vezes a chance de se stressar.*

Terapia:

$\psi = 12,47 \geq 1 \rightarrow X=0$, não fazer terapia, é ***Fator de Risco*** para Y=1, stresse. Não fazer terapia aumenta 12,47 vezes a chance de se stressar.

Aplicação 3:

Num estudo sobre a participação das esposas no mercado de trabalho, como função da idade da esposa, número de filhos e rendimento do marido, a variável resposta *Y* foi definida do seguinte modo: a mulher participa no mercado de trabalho ou não. Novamente, estas respostas podem ser codificadas como 1 e 0, respectivamente. As variáveis foram codificadas segundo quadro abaixo.

Variáveis	**Descrição**	**Codificação**
Y	A esposa participa do mercado de trabalho?	1-Sim 0-Não
X_1	A mulher é jovem?	1-Sim 0-Não
X_2	O número de filhos é igual ou menor que dois?	1-Sim 0-Não
X_3	O rendimento do marido é igual ou menor que dois salários mínimos?	1-Sim 0-Não

A base de dados está na tabela dados. Realize uma análise de Regressão Logística.

Base Participação da Esposa no Mercado de Trabalho

Y	X_1	X_2	X_3
0	0	0	0
0	1	1	1
1	1	0	0
0	0	1	1
0	0	1	1
0	0	0	1
0	0	1	1
0	0	1	1
1	1	0	1
1	1	0	0
0	0	1	1
0	0	1	1
1	1	0	0
0	1	0	0
1	1	1	0
1	1	0	0
0	0	0	0
1	1	0	0
1	1	0	0
0	0	1	1
1	0	1	1
0	0	1	1
0	0	1	1
1	1	0	0
0	0	1	1
0	1	0	0
0	0	0	0
0	1	0	0
0	0	1	1
1	0	0	0
0	0	1	0
0	0	0	1
1	1	1	0
0	1	0	0
1	0	0	0
0	0	1	1
1	1	0	0

0	0	1	1
0	0	1	1
0	0	1	1
0	0	1	1
0	0	1	1
1	1	1	0
1	1	0	1
0	1	0	0
1	1	0	0
0	0	1	1
1	1	0	0
0	0	1	1
1	1	0	0
1	1	0	0
0	0	1	1
0	0	1	1
1	1	0	0
0	0	1	1
0	0	1	0
1	1	0	0
1	1	0	0
0	0	1	1
1	1	0	0
0	0	1	1
1	1	0	0
0	0	1	1
1	1	0	0
1	1	0	0
0	1	1	1
1	1	0	0
1	1	0	0
0	0	1	1
0	1	0	0
1	1	0	0
0	1	0	0
1	0	1	1
1	0	1	1
1	0	1	1
1	1	0	0
1	1	0	0

0	1	0	0
1	1	0	0
1	0	0	0
1	0	0	0
1	0	1	1
0	0	1	1
1	1	0	1
1	1	0	0
0	0	1	1
0	0	1	1
1	1	0	0
1	1	0	0
1	1	0	0
0	0	1	1
1	1	0	0
0	0	1	1
1	1	0	0
1	1	0	0
1	1	0	0
1	1	0	0
1	0	1	1
1	0	1	1
1	0	0	1

Solução:

Tabela 1
Modelo 1

Model Summary

Step	-2 Log likelihood	Cox & Snell R Square	Nagelkerke R Square
1	105.148[a]	.283	.378

a. Estimation terminated at iteration number 4 because parameter estimates changed by less than .001.

Variables in the Equation

		B	S.E.	Wald	df	Sig.	Exp(B)
Step 1[a]	X1	2.539	.484	27.472	1	.000	12.667
	Constant	-1.153	.331	12.117	1	.000	.316

a. Variable(s) entered on step 1: X1.

O modelo 1 inclui somente a variável X_1 (A mulher é jovem?). Com esse modelo, o valor-p é 0,000 para o teste de Wald, o que evidencia que o coeficiente de regressão de X_1 é significante. A *deviance* é 105,148 e deve ser comparada com o modelo 2 e modelo 3, para verificar onde é mínima.

Tabela 2
Modelo 2

Model Summary

Step	-2 Log likelihood	Cox & Snell R Square	Nagelkerke R Square
1	99.928[a]	.320	.427

a. Estimation terminated at iteration number 4 because parameter estimates changed by less than .001.

Variables in the Equation

		B	S.E.	Wald	df	Sig.	Exp(B)
Step 1[a]	X1	1.684	.596	7.997	1	.005	5.387
	X2	-1.394	.598	5.428	1	.020	.248
	Constant	-.110	.544	.041	1	.840	.896

a. Variable(s) entered on step 1: X2.

O modelo 2 inclui a variável X_2 (O número de filhos é igual ou menor que dois?). Com esse modelo, o valor-p =0,005<0,05 para o coeficiente de regressão de X_1, evidenciando que este coeficiente é significante estatisticamente. Para a variável X_2, o Valor-p=0,020<0,05; rejeita-se também a hipótese nula de que o coeficiente de regressão desta variável é igual a zero, isto é, é significante.

A *deviance* no modelo 2 cai para 99,928 e deve ser comparada com o modelo 3. O modelo retido para análise será o de menor valor da *deviance*.

Tabela 3
Modelo 3

Model Summary

Step	-2 Log likelihood	Cox & Snell R Square	Nagelkerke R Square
1	99.428[a]	.323	.431

a. Estimation terminated at iteration number 4 because parameter estimates changed by less than .001.

Variables in the Equation

		B	S.E.	Wald	df	Sig.	Exp(B)
Step 1[a]	X1	1.503	.645	5.429	1	.020	4.497
	X2	-1.107	.722	2.348	1	.125	.331
	X3	-.543	.755	.517	1	.472	.581
	Constant	.095	.616	.024	1	.877	1.100

a. Variable(s) entered on step 1: X3.

O modelo 3 inclui X_3. Com esse modelo, o valor-p =0,020<0,05 para o coeficiente de regressão de X_1 evidencia que este coeficiente é significante estatisticamente. Para a variável X_2, o Valor-p=0,125>0,05; aceita-se a hipótese nula de que o coeficiente de regressão desta variável é igual a zero, isto é, é não significante. Para a variável X_3 (O rendimento do marido é igual ou menor que dois salários mínimos?), o Valor-p=0,472>0,05; aceita-se a hipótese nula de que o coeficiente de regressão desta variável é igual a zero, isto é, é não significante. Contudo, o teste de Wald não é robusto quanto ao desvio da normalidade. A análise da *deviance* dará um resultado mais preciso da generalidade deste modelo.

A *deviance* no modelo 3 cai para 99,428. Portanto, o modelo 3 de regressão logística é o que deve ser retido para a análise.

O modelo da regressão logística do estudo fica:

$$P(Y=1)=\frac{1}{1+e^{-0,01-1,50X_1+1,11X_2+0,54X_3}}$$

Interpretação das Odds Ratio ou Razão de Chances:

Temos que Y=1 (a esposa participa do mercado de trabalho?), logo tem sentido positivo, então:

X_1 (A idade da mulher é jovem?)

*ψ = 4,5≥ 1 → X=1, sim a esposa é jovem, é **Fator de Proteção** para Y=0, não participação no mercado de trabalho. A chance de participação no mercado de trabalho é 4,5 maior para quem é jovem.*

X_2 (O número de filhos é igual ou menor que dois?)

ψ = 0,331< 1 → X=0, o número de filhos é maior que dois, é Fator de Risco para Y=0, não participação no mercado de trabalho. A esposa que tem um número de filhos maior do que dois tem [(1-0,331)x100]% = 66,9% menos chances de participar do mercado de trabalho, comparando com quem tem igual ou menos que dois filhos.

X_3 (O rendimento do marido é igual ou menor que dois salários mínimos?)

ψ = 0,583< 1 → X=0, o rendimento do marido é maior do que dois salários mínimos, é Fator de Risco para Y=0, não participação da esposa no mercado de trabalho. A esposa que tem o rendimento do marido maior do que dois salários mínimos tem 41,7% menos chances de participar do mercado de trabalho, comparando com mulheres que têm maridos com rendimento igual ou menor que dois salários mínimos.

Aplicação 4:

O controle de doenças em árvores urbanas deve ser específico para cada espécie, apesar de que certas patologias podem ser reunidas e combatidas de forma integrada, com base neste manejo integrado das doenças citam-se como principais formas de controle:

1)Exclusão: Prevenção da entrada de agente infeccioso em áreas isentas de doenças, ou seja, como, a produção e plantio de mudas sadias (sem patógenos associados).
2)Erradicação: Prevenção do estabelecimento de agente infeccioso, já introduzido, através de sua eliminação, através da remoção de tocos e raízes colonizados por patógenos de raízes, podas de limpeza e remoção de ramos, copas e plantas parasitas.
3)Proteção: Prevenção do contato do hospedeiro com o agente infeccioso, já introduzido, por meio da desinfecção de ferramentas utilizadas no intervalo entre as podas de uma árvore para outra e aplicação de produtos protetores ou sistêmicos.
4)Imunização: Impede o estabelecimento de relações parasíticas íntimas entre o agente infeccioso e o hospedeiro, como a aplicação de produtos sistêmicos ou plantio de espécies resistentes.
5)Terapia: É a cura da planta doente, ou seja, por meio da aplicação de fertilizantes para recuperação do sistema radicular e da copa (podridão de raízes, cancros e manchas foliares, sendo estes em estágio inicial), aplicação de condicionadores e corretivos de solo (em caso de podridão de raízes) e cirurgia de lesões em raízes e troncos (podridões e cancros).
6)Evasão: Uso de técnicas de fuga do hospedeiro ao agente infeccioso ou ao ambiente favorável à doença, isto é, prevenir a doença pelo plantio em época ou área, onde ou quando o agente infeccioso ou parte do agente infeccioso não é capaz de causar infecção. É o plantio da árvore na época ou área onde parte ou porção do agente infeccioso tem probabilidade raro ou ausente de entrar em contato com da mesma..
7)Regulação: É a prevenção da doença pelo fator ambiente, como a aplicação de calagem do solo (controle da podridão de raízes), melhoria da drenagem do solo com matéria orgânica, areia ou construção de drenos (prevenção contra podridão de raízes, cancros e morte de ponteiros) e controle da irrigação (prevenção de cancros e morte de ponteiros).

Um pesquisador investigou 50 engenheiros florestais que estariam encarregados do controle de florestas com árvores urbanas com alta densidade na época da pesquisa. O objetivo do estudo é avaliar a probabilidade das árvores das florestas dos engenheiros estarem com doenças ou patologias controladas.

O modelo da pesquisa envolve as variáveis descritas no quadro abaixo:

Variáveis	Descrição das Variáveis	Codificação
Y	A sua floresta está sob controle de doenças ou patologias?	1-Sim; 0-Não
X_1	Desenvolve a Medida de Controle de Exclusão?	1-Sim; 0-Não
X_2	Desenvolve a Medida de Controle de Erradicação?	1-Sim; 0-Não
X_3	Desenvolve a Medida de Controle de Proteção?	1-Sim; 0-Não
X_4	Desenvolve a Medida de Controle de Imunização?	1-Sim; 0-Não
X_5	Desenvolve a Medida de Controle de Terapia?	1-Sim; 0-Não
X_6	Desenvolve a Medida de Controle de Evasão?	1-Sim; 0-Não
X_7	Desenvolve a Medida de Controle de Regulação?	1-Sim; 0-Não

Os dados coletados pelos engenheiros florestais estão descritos na base de dados abaixo. Realize uma análise de Regressão Logística e estime um modelo de probabilidade de uma floresta urbana estar sob controle de doenças ou patologias.

Base Medidas de Controle de Doenças de Árvores Urbanas

Y	X_1	X_2	X_3	X_4	X_5	X_6	X_7
0	0	1	1	1	0	0	1
1	1	1	0	1	1	1	1
1	0	1	1	0	1	1	0
1	1	1	1	1	1	1	1
0	1	1	1	1	0	1	0
1	1	0	1	1	1	1	1
1	0	1	1	1	1	1	1
0	0	0	0	1	0	0	0
1	1	1	1	1	1	1	0
0	0	0	0	1	0	0	0
1	1	1	0	1	1	1	0
0	0	0	0	0	0	0	0
0	0	0	0	0	0	0	0
1	1	1	1	1	1	1	1
1	1	1	1	1	1	1	1
0	0	0	0	0	0	0	1
1	1	1	1	1	1	1	1
1	1	1	1	1	1	0	1
0	1	0	0	0	0	1	0
1	0	1	1	1	1	1	0
1	1	0	1	1	1	0	1
1	1	0	1	1	1	1	1
1	0	0	0	0	1	1	1
1	0	0	0	1	1	1	1
1	0	0	0	0	0	0	0
1	1	1	1	1	0	0	1
1	1	1	1	1	0	1	0
1	1	1	0	1	1	1	1
0	1	1	1	1	1	1	1
0	0	0	0	0	0	0	0
0	0	0	0	0	1	0	0
0	0	0	0	0	0	0	0
0	0	0	0	0	1	0	0
1	1	1	1	1	1	1	0
0	0	0	0	0	0	1	0
1	1	1	1	1	1	0	0
1	1	0	0	0	1	0	0

1	1	0	1	1	1	1	0
0	0	0	0	0	0	0	1
0	0	0	0	1	1	1	0
1	0	1	1	1	1	1	1
0	0	0	0	0	1	0	0
1	0	1	1	1	0	1	1
1	1	1	1	0	0	1	1
1	1	1	0	1	0	1	1
0	1	0	0	0	0	0	0
1	0	1	1	1	0	1	1
0	0	0	0	1	0	0	1
0	1	0	0	0	1	0	0
0	0	0	0	0	1	0	0

Solução:

Tabela 1
Escolha do Melhor Modelo
Deviances

Modelos	Deviances
1	57,691
2	46,286
3	43.808
4	43,222
5	38,278
6	36,239
7	33,733

Observando a tabela 1, verificamos que há diminuição das deviances. O que significa que à medida que as variáveis vão sendo incluídas no modelo, seu poder de explicação vai melhorando. O modelo que deve ser retido é o modelo 7, com as setes variáveis de medidas de controle de doenças de árvores urbanas.

Tabela 2
Coeficientes de Regressão do Modelo Retido

Variáveis	Coeficientes de Regressão (βi)
X_1	1.104
X_2	1.235
X_3	1.002
X_4	-.373
X_5	1.921
X_6	1.341

X_7	1.589
Constante	-3.460

Observando a tabela 2, verificamos que a variável X_5 (Desenvolve a Medida de Controle de Terapia?) é a variável que tem o maior peso entre as medidas gerais de controle de doenças em árvores urbanas.

O modelo da regressão logística do estudo fica:

$$P(Y=1)=\frac{1}{3,460-1,104X_1-1,235X_2-1,002X_3+0,373X_4-1,921X_5-1,341X_6-1,589X_7 \quad 1+e}$$

Tabela 3
Odds Ratio e Razão de Chances do Modelo Retido

Variáveis	Odds Ratio
X_1	3.016
X_2	3.438
X_3	2.725
X_4	.689
X_5	6.825
X_6	3.824
X_7	4.898
Constante	.031

Interpretação das Odds Ratio ou Razão de Chances

Y=A sua floresta está sob controle de doenças ou patologias?
(1-Sim e 0- Não)

Quando Y=1, A sua floresta está sob controle de doenças ou patologias?, tem sentido positivo, logo:

X_1 (Desenvolve a Medida de Controle de Exclusão?)

*ψ =3,016 ≥ 1 → X=1, Desenvolver Medida de Controle de Exclusão, é **Fator de Proteção** para Y=0, a floresta não está sob controle de doenças e patologias. Desenvolver medidas de controle de exclusão aumenta 3,016 vezes a chance de a floresta estar sob controle de doenças e patologias.*

X_2 (Desenvolve a Medida de Controle de Erradicação?)

*ψ =3,438 ≥ 1 → X=1, Desenvolver Medida de Controle de Erradicação, é **Fator de Proteção** para Y=0, a floresta não está sob controle de doenças e patologias. Desenvolver medidas de controle de erradicação aumenta 3,348 vezes a chance de a floresta estar sob controle de doenças e patologias.*

X_3 (Desenvolve a Medida de Controle de Proteção?)

*ψ =2,725 ≥ 1 → X=1, Desenvolver Medida de Controle de Proteção, é **Fator de Proteção** para Y=0, a floresta não está sob controle de doenças e patologias. Desenvolver medidas de controle de proteção aumenta 2,725 vezes a chance de a floresta estar sob controle de doenças e patologias.*

X_4 (Desenvolve a Medida de Controle de Imunização?)

*ψ = 0,689< 1 → X=0,Não Desenvolver Medida de Controle de Imunização é **Fator de Risco** para Y=0, a floresta não está sob controle de doenças e patologias. Não desenvolver medidas de controle de imunização aumenta 31,1% a chance de a floresta não estar sob controle de doenças e patologias.*

X_5 (Desenvolve a Medida de Controle de Terapia?)

*ψ =6,825 ≥ 1 → X=1, Desenvolver Medida de Controle de Proteção, é **Fator de Proteção** para Y=0, a floresta não está sob controle de doenças e patologias. Desenvolver medidas de controle de terapia aumenta 6,825 vezes a chance de a floresta estar sob controle de doenças e patologias.*

X_6 (Desenvolve a Medida de Controle de Evasão?)

*ψ =3,824 ≥ 1 → X=1, Desenvolver Medida de Controle de Evasão, é **Fator de Proteção** para Y=0, a floresta não está sob controle de doenças e patologias. Desenvolver medidas de controle de evasão aumenta 3,824 vezes a chance de a floresta estar sob controle de doenças e patologias.*

X_7 (Desenvolve a Medida de Controle de Regulação?)

*ψ =4,898 ≥ 1 → X=1, Desenvolver Medida de Controle de Regulação, é **Fator de Proteção** para Y=0, a floresta não está sob controle de doenças e patologias. Desenvolver medidas de controle de regulação aumenta 4,898 vezes a chance de a floresta estar sob controle de doenças e patologias.*

Salienta-se que a aplicação das medidas de controle só deve ocorrer quando os danos justificam sua necessidade, principalmente quanto ao uso de produtos químicos, que deverá levar como critérios primordiais a real necessidade de aplicação e o conhecimento do impacto ambiental gerado no ecossistema urbano.

Aplicação 5:

Um analista está estudando o efeito do tempo de experiência em programação computacional (Y) sobre a habilidade para completar, dentro de um determinado tempo, uma tarefa difícil. Vinte e cinco (25) programadores foram selecionadas para o estudo. A variável preditora, X_1, corresponde aos meses de experiência (na logística, as variáveis independentes podem ser quantitativas ou qualitativas [0, 1]) e a variável X_2 corresponde ao treinamento na tarefa. A base de dados está descrita abaixo. Realize uma Regressão Logística dos dados.

Base Habilidade para Completar, Dentro de um Determinado Tempo, uma Tarefa Difícil em Função Meses de Experiência e Treinamento na Tarefa

Y	X_1	X_2
1	96	0
1	120	1
1	55	0
1	20	1
0	6	1
0	24	1
0	7	0
1	420	1

0	22	1
1	55	0
0	12	0
0	16	0
1	72	1
1	45	0
0	3	0
1	35	0
0	16	0
1	720	1
1	240	1
0	7	1
0	7	1
0	10	1
0	18	1
1	96	1
0	7	0

Variáveis do Modelo Logística

Variáveis	Descrição	Codificação
Y	Habilidade para completar, dentro de um determinado tempo, uma tarefa difícil	1-Sim e 0-Não
X_1	Corresponde aos meses de experiência	Em meses
X_2	Treinamento na tarefa	1-Sim e 0-Não

Solução:

Tabela 1
Modelo 1

Model Summary

Step	-2 Log likelihood	Cox & Snell R Square	Nagelkerke R Square
1	5.875[a]	.683	.912

a. Estimation terminated at iteration number 11 because parameter estimates changed by less than .001.

Variables in the Equation

		B	S.E.	Wald	df	Sig.	Exp(B)
Step 1[a]	X1	.298	.200	2.216	1	.137	1.347
	Constant	-7.611	4.401	2.990	1	.084	.000

a. Variable(s) entered on step 1: X1.

A variável X_1 é corresponde aos meses de experiência do programador. O teste de Wald é não significante para o coeficiente de regressão desta variável, mas a amostra é muito pequena e o teste de Wald não é robusto a pequenas amostras. A *deviance*, "***ruindade do ajuste***" *é mais precisa para determinação da adequação do modelo*, e seu valor é 5,875, que deve ser comparada ao modelo 2. Onde a *deviance* for menor, é o modelo retido para a análise.

Tabela 2
Modelo 2

Model Summary

Step	-2 Log likelihood	Cox & Snell R Square	Nagelkerke R Square
1	5.832[a]	.684	.912

a. Estimation terminated at iteration number 11 because parameter estimates changed by less than .001.

Variables in the Equation

		B	S.E.	Wald	df	Sig.	Exp(B)
Step 1[a]	X1	.303	.198	2.329	1	.127	1.354
	X2	.567	2.850	.040	1	.842	1.764
	Constant	-8.169	5.548	2.168	1	.141	.000

a. Variable(s) entered on step 1: X2.

O modelo 2 inclui as variáveis X_1-meses de experiência e X_2-sucesso na tarefa.Mesmo com o modelo mais completo os coeficientes de regressão pelo teste de Wald são não significantes (os valores-p são maiores que o nível de significância de 5%), mas a amostra é muito pequena e o teste de Wald não é robusto a pequenas amostras. A *deviance*, "***ruindade do ajuste***" *é mais precisa para determinação da adequação do modelo*, e seu valor no modelo 2 cai para 5,832, que deve ser o modelo retido para a análise.

Contudo, muito cuidado na interpretação dos resultados deste modelo porque os coeficientes foram testados não significantes pelo teste de Wald e a *deviance* do modelo 1 diminui muito pouco em relação ao modelo 2, o que revela um ajuste não tão satisfatório.

O modelo da regressão logística do estudo fica:

$$P(Y=1)=\frac{1}{1,869-0,303X_1-0,567X_2\ \ 1+e}$$

Uma pessoa que tem X_1 = 12 meses de experiência e X_2=0 e não teve treinamento na tarefa, tem quanto de probabilidade de sucesso de realização a tarefa?

Calculando,

$$P(Y=1)=\frac{1}{1,869-0,303x12-0,567x0\ \ 1+e}$$

P(X=1) =**0,85** ou **85%** de completar, dentro de um determinado tempo, a tarefa difícil.

Este valor ajustado é a **estimativa da probabilidade** de que uma pessoa com 12 meses de experiência e que não tenha sido treinada tenha sucesso para completar a tarefa.

Interpretação das Odds Ratio ou Razão de Chances:

Temos que Y=1 é de completar, dentro de um determinado tempo, a tarefa difícil, logo tem sentido positivo, então:

X_1 (meses de experiência):

*$\psi = 1{,}354 \geq 1 \rightarrow X_1 = 1$ é **Fator de Proteção** para Y=0, não ter sucesso na tarefa. A odds ratio de uma variável quantitativa representa uma média dos odds nos diversos níveis desta variável. O coeficiente para meses de experiência igual a 1,354 representa, em média, que a cada mês de experiência há uma aumento de 35,4% de sucesso na realização da tarefa. A chance de sucesso, completar a tarefa dentro do prazo, é 1,354 vezes maior para quem tem mais experiência.*

X_2(treinamento na tarefa):

$\psi = 1{,}764 \geq 1 \rightarrow X2=1$ *é Fator de Proteção para Y=0, não ter sucesso na tarefa. A odds ratio de uma variável quantitativa representa uma média dos odds nos diversos níveis desta variável. A chance de ter sucesso na tarefa é 1,764 maior nos que foram treinados em comparação aos que não foram treinados. A chance é 1,764 maior de sucesso na realização das tarefas entre os treinados do que nos não treinados. Este aumento é de 76,4%.*

Aplicação 6:

Um estudo na área da saúde está investigando um surto epidêmico de uma doença transmitida por um mosquito. Indivíduos foram aleatoriamente selecionados em dois setores de uma cidade para determinar se a pessoa tinha recentemente contraído a doença em estudo. Isto foi verificado por um entrevistador, que fez certas questões específicas para saber se o entrevistado apresentou sintomas da doença durante um período específico. A variável resposta *Y* foi codificada como 1 se a doença estava presente, e 0 em caso contrário.

Três variáveis preditoras foram incluídas no estudo: idade, classe social da família e o setor da cidade. A idade (X_1) é uma variável quantitativa. A classe sócioeconômica é uma variável com 3 categorias. Esta variável é representada por duas variáveis indicadoras (X_2 e X_3) seguindo o quadro de codificação e descrição das variáveis do modelo abaixo. A variável setor da cidade também é uma variável categorizada. Como existiam apenas dois setores na cidade, uma variável indicadora (X_4) foi usada, definida como *Setor 1=1* para o setor 1 e *Setor2=0* .

Codificação e Descrição das Variáveis do Modelo

Variáveis	Descrição	Codificação
Y	Se a doença está presente	1-Sim e 0-Não
X_1	Idade	Em anos
X_2	Classe Sócioeconômica Baixa	1-Sim e 0-Não
X_3	Classe Sócioeconômica Média ou Alta	1-Sim; 0-Não
X_4	Setor	1-Setor 1 e 0-Setor 2

A base de dados se encontra na tabela abaixo. Realize uma Regressão Logística para o propósito da análise da probabilidade de uma pessoa ter contraído a doença e classifique cada variável independente em fator de risco ou proteção.

Base Surto Epidêmico de uma Doença Transmitida por um Mosquito

Y	X_1	X_2	X_3	X_4
1	58	0	1	0
0	62	0	1	1
0	48	0	1	1
0	61	0	1	0
0	51	0	1	1
0	53	0	1	1
0	64	0	1	1
0	52	0	1	1
0	57	0	1	1
0	55	0	1	1
1	58	0	1	0
0	56	0	1	1
0	55	0	1	0
0	60	0	1	1
1	56	0	1	1
0	51	0	1	1
0	50	0	1	1
0	57	0	1	1
0	57	0	1	1
0	48	0	1	1
0	53	0	1	0
0	47	0	1	1
1	56	0	1	1
0	61	0	1	1
0	52	0	1	1
0	53	0	1	1
0	56	0	1	1
0	62	0	1	1
0	59	0	1	1
0	63	0	1	0
0	56	0	1	1
0	59	0	1	1
0	58	0	1	1
0	64	0	1	1
1	49	0	1	0
0	56	0	1	1

0	59	0	1	1
0	54	0	1	1
0	53	0	1	1
0	55	0	1	1
0	60	0	1	1
0	63	0	1	1
0	48	0	1	1
0	54	0	1	1
0	56	0	1	1
0	55	0	1	1
0	46	0	1	1
0	51	0	1	1
0	63	0	1	1
0	54	0	1	1
0	52	0	1	1
0	64	0	1	1
0	55	0	1	1
0	60	0	1	1
0	49	0	1	1
0	54	0	1	1
1	25	1	0	1
1	32	1	0	0
1	13	1	0	0
1	50	1	0	0
1	25	1	0	0
1	26	1	0	0
1	24	1	0	0
1	45	1	0	0
1	24	1	0	0
1	30	1	0	0
1	24	1	0	0
1	39	1	0	0
1	11	1	0	0
1	35	1	0	0
1	39	1	0	0
1	35	1	0	0
1	19	1	0	0
1	29	1	0	0
1	15	1	0	0
1	21	1	0	0
1	8	1	0	0
1	23	1	0	0

1	34	1	0	0
1	23	1	0	0
1	24	1	0	0
1	21	1	0	0
1	36	1	0	0
1	19	1	0	0
1	33	1	0	0
0	7	1	0	0
1	22	1	0	0
1	20	1	0	0
0	24	1	0	0
1	8	1	0	0
1	30	1	0	0
1	32	1	0	0
1	28	1	0	0
1	16	1	0	0
1	19	1	0	0
1	16	1	0	0
1	9	1	0	0
0	37	1	0	1
0	8	1	0	1
0	31	1	0	1

Solução:

Tabela 1
Análise das *Deviances*
Modelo 1

Model Summary

Step	-2 Log likelihood	Cox & Snell R Square	Nagelkerke R Square
1	80.135[a]	.435	.583

a. Estimation terminated at iteration number 5 because parameter estimates changed by less than .001.

Modelo 2

Model Summary

Step	-2 Log likelihood	Cox & Snell R Square	Nagelkerke R Square
1	64.421[a]	.517	.693

a. Estimation terminated at iteration number 5 because parameter estimates changed by less than .001.

Modelo 3

Model Summary

Step	-2 Log likelihood	Cox & Snell R Square	Nagelkerke R Square
1	64.421a	.517	.693

a. Estimation terminated at iteration number 5 because parameter estimates changed by less than .001.

Modelo 4

Model Summary

Step	-2 Log likelihood	Cox & Snell R Square	Nagelkerke R Square
1	46.691a	.595	.798

a. Estimation terminated at iteration number 6 because parameter estimates changed by less than .001.

As *deviances têm comportamentos descrescentes à medida que acrescentamos uma variável no modelo. O modelo ideal é justamente o que contém as variáveis da tabela 2.*

Tabela 2
Coeficientes do Modelo, Odds Ratio e Classificação das Variáveis

Variáveis Independentes	Coeficientes de Regressão	Odds Ratio	Tipo de Fator
X_1	.034	1.034	Fator de Risco
X_2	3.882	48.504	Fator de Risco
X_4	-3.372	.034	Fator de Proteção
Constant	-1.940	.144	-

Observado a tabela 2, vê-se que a variável classe média foi excluída do modelo, certamente por ter um poder explicador não tão significante quanto o da variável classe baixa. Ainda na tabela 2, detectamos que idade da pessoas é fator de risco para ficar doente. Cada ano mais velha aumenta em 3,4% a chance de a pessoa ter a doença. Mas o grande fator de risco é pertencer a classe baixa. Pessoas de classe baixa têm cerca de 49% mais chances de ter a doença, do que pessoas de outras classes sociais, ou seja, as classes mais altas.

A probabilidade de uma pessoa ter contraído a doença pode ser dado pela expressão a seguir:

$$P(Y=1) = \frac{1}{1{,}940 - 0{,}034X_1 - 3{,}882X_2 + 3{,}882X_4 \quad 1+e}$$

Uma pessoa que tem X_1 = 60 anos, X_2=0, outra classe social, e mora X_4=0, no setor 2, tem quanto de probabilidade de ter contraído a doença?

Calculando,

$$P(Y=1)=\frac{1}{1+e^{1,940-0,034x60-3,882x0+3,882x0}}$$

$$P(Y=1)=\frac{1}{1+e^{-0,1}}$$

P(X=1) =**0,52** ou **52%** de probabilidade de ter contraído a doença.

Este valor ajustado é a **estimativa da probabilidade** de que uma pessoa que tem 60 anos, de classe social média ou alta, e que mora no setor 2, tem de probabilidade de ter contraído a doença.

Aplicação 7:

Um epidemiologista criou um banco de dados com informações de mulheres que tiveram seus filhos com baixo peso ao nascer e de mulheres que tiveram filhos com peso normal ao nascer e outras variáveis correlacionadas. As características investigadas estão no quadro abaixo com suas codificações analíticas:

Variáveis Observadas de Gestantes

Variáveis	**Descrição**	**Codificação**
Y	Baixo peso ao nascer	1-Sim e 0-Não
X_1	Idade Materna	Em anos completos
X_2	Etnia Branca	1-Sim e 0-Não
X_3	Etnia Negra	1-Sim e 0-Não
X_4	Outra Etnia	1-Sim e 0-Não
X_5	Hipertensão Materna	1-Sim e 0-Não
X_6	Fumo Materno	1-Sim e 0-Não

Os dados efetivamente coletados estão descritos abaixo:

Base Fatores de Risco para Baixo Peso ao Nascer

Y	X_1	X_2	X_3	X_4	X_5	X_6
0	27	1	0	0	1	0
0	25	1	0	0	0	0
0	28	1	0	0	0	0
0	26	1	0	0	0	1
1	52	0	1	0	1	1
0	25	1	0	0	1	1
0	26	1	0	1	0	0
1	50	0	1	0	1	1
0	24	1	0	0	1	0

0	26	1	0	0	1	0
1	50	0	1	1	1	0
0	24	1	0	0	0	0
0	26	0	0	1	0	0
1	29	0	1	0	0	1
1	50	0	1	0	1	1
1	50	0	1	0	0	0
1	50	0	1	0	1	1
0	26	0	1	0	0	0
1	50	0	1	0	1	1
1	49	0	1	0	0	1
1	49	0	1	0	0	1
0	25	1	0	0	0	0
1	49	0	1	0	0	1
1	50	0	1	0	1	0
0	24	1	0	0	0	0
0	25	1	0	0	1	0
0	25	1	0	0	0	1
0	26	1	0	0	0	0
0	35	1	0	0	0	0
0	24	1	0	0	1	0
1	49	0	1	0	0	0
0	24	1	0	0	0	0
1	51	0	1	0	1	1
0	25	1	0	0	0	0
0	26	1	0	0	0	0
0	26	1	0	0	1	0
1	51	0	1	0	1	1
0	25	1	0	0	1	0
1	50	0	1	0	1	1
1	47	0	1	0	0	1
1	50	0	1	0	0	1
0	24	1	0	0	0	0
0	25	0	0	1	1	0
1	50	0	1	1	0	1
0	25	1	0	0	0	0
1	51	0	1	0	0	1
1	50	0	0	0	1	1
0	24	1	0	0	0	0
1	51	0	1	0	1	0
1	51	1	0	1	1	0
0	24	1	0	0	1	1

0	25	1	0	0	0	0
1	51	0	1	0	1	1
1	51	0	0	1	1	1
0	23	0	0	0	0	1
0	27	0	0	0	0	1
1	49	0	1	0	0	1
1	29	0	1	0	1	1
1	52	0	1	0	0	1
0	25	1	0	1	0	0
0	25	0	0	1	0	0
0	24	0	0	1	1	0
0	24	1	0	0	0	0
1	47	0	0	1	1	1
0	56	1	0	0	0	1
0	26	1	0	0	1	0
0	25	0	0	1	1	0
1	50	0	1	0	0	0
0	25	1	0	0	0	0
1	30	0	0	1	1	1
0	26	1	0	0	1	0
0	25	1	0	0	0	0
1	50	0	1	0	1	1
0	26	1	0	0	0	0
1	50	0	1	0	1	1
1	49	0	1	0	1	1
0	23	0	1	0	0	0
0	25	0	1	0	0	0
1	51	0	1	0	1	0
0	23	1	0	0	0	0
0	27	1	0	0	1	0
0	25	1	0	0	1	1
1	49	0	1	0	1	1
0	24	1	0	0	1	0
1	50	0	1	0	0	1
1	49	0	1	0	1	1
1	34	0	0	1	1	1
1	50	0	1	0	1	1
0	26	1	0	0	0	0
0	35	0	0	1	0	0

Solução:

Tabela 1
Análise das *Deviances*
Modelo 1

Model Summary

Step	-2 Log likelihood	Cox & Snell R Square	Nagelkerke R Square
1	33.515[a]	.633	.847

a. Estimation terminated at iteration number 6 because parameter estimates changed by less than .001.

Modelo 2

Model Summary

Step	-2 Log likelihood	Cox & Snell R Square	Nagelkerke R Square
1	17.361[a]	.693	.928

a. Estimation terminated at iteration number 9 because parameter estimates changed by less than .001.

Modelo 3

Model Summary

Step	-2 Log likelihood	Cox & Snell R Square	Nagelkerke R Square
1	15.664[a]	.699	.936

a. Estimation terminated at iteration number 10 because parameter estimates changed by less than .001.

Modelo 4

Model Summary

Step	-2 Log likelihood	Cox & Snell R Square	Nagelkerke R Square
1	10.495[a]	.716	.958

a. Estimation terminated at iteration number 11 because parameter estimates changed by less than .001.

Modelo 5

Model Summary

Step	-2 Log likelihood	Cox & Snell R Square	Nagelkerke R Square
1	.000[a]	.747	1.000

a. Estimation terminated at iteration number 20 because maximum iterations has been reached. Final solution cannot be found.

Modelo 6

Model Summary

Step	-2 Log likelihood	Cox & Snell R Square	Nagelkerke R Square
1	.000a	.747	1.000

a. Estimation terminated at iteration number 20 because maximum iterations has been reached. Final solution cannot be found.

As *deviances* têm comportamentos decrescentes até cair a zero. O modelo 6 com todas as variáveis é um modelo muito bem ajustado, pois a *deviance* zerada significa "***ruindade de ajuste***" inexistente.

Tabela 2
Coeficientes do Modelo, Odds Ratio e Classificação das Variáveis

Variáveis Independentes	Descrição das Variáveis	Coeficientes de Regressão	Odds Ratio	Tipo de Fator
X_1	Idade materna	1.445	4.243	Fator de Risco
X_2	Etnia Branca	-2.450	0.086	Fator de Proteção
X_3	Etnia Negra	69.738	19362011576763870000000 0000000.000	Fator de Risco
X_4	Outra Etnia	29.514	6574331809489.400	Fator de Risco
X_5	Hipertensão materna	40.400	351056200999839800.000	Fator de Risco
X_6	Fumo Materno	28.611	2663942304487.830	Fator de Risco
Constante	-	-123.702	-	-

Observado a tabela 2, vê-se que a única variável que é fator de proteção para o baixo peso ao nascer é a variável X_2, isto é, ser da etnia branca. Para uma gestante da etnia negra há um fator de risco muito alto de ter uma bebê com baixo peso ao nascer. Como se pode observar acima, o fumo materno é um fator de risco também muito alto para o baixo peso ao nascer, nesta população.

A probabilidade (logit), calculada no Excel, de uma gestante ter uma criança com baixo peso pode ser dada pela planilha de cálculo a seguir:

Variáveis	Coeficientes	Valores Assumidos	Expoente do neperiano (exp)	$e^{exp} + 1$	logit
X_1	1.445223526	20	*-3.551408526*	1.028684209	**0.972116**
X_2	-2.450351601	0			
X_3	69.73828068	1			
X_4	29.51419406	0			
X_5	40.39972272	0			
X_6	28.61082821	1			
Constante	-123.7021709				

Nota: a planilha real de cálculo no Excel é disponibilizada ao leitor.

Desse modo, para uma mãe com 20 anos, da etnia negra, não hipertensa, mas fumante, a probabilidade de ter um filho de baixo peso ao nascer por este modelo é de 97,2%.

Aplicação 8:

Existem inúmeros trabalhos e pesquisas sobre os fatores que estimulam o investimento internacional em diversos mercados, inclusive no Brasil. Esses trabalhos, como se indica na revisão da literatura, têm estudado separadamente os ambientes políticos, econômico e/ou social, chegando a diversas conclusões que colaboram no estudo prévio de qualquer investimento internacional. Uma abordagem mais abrangente consiste em definir um ambiente competitivo e detectar, dentro dele, aqueles componentes que explicam a variabilidade desses investimentos. Em 2016, o Brasil vive uma grave crise econômica, com 11% da população desempregada e é relevante um estudo que indique qual a probabilidade de um investidor estrangeiro investir no Brasil em 2016, investir no Brasil, isto é, se dispor a colocar dinheiro no país. Nessa direção, este trabalho realiza uma análise de regressão logística da probabilidade de um investidor investir dinheiro no Brasil em 2016 (medido pela variação da entrada de capital do exterior e sua permanência no país) diante de sua própria medida do ambiente competitivo brasileiro em 2016 por uma composição de variáveis explicativas que incluem o desenvolvimento humano, a liberdade econômica, a competitividade, a produtividade do trabalho, a governança e algumas variáveis macroeconômicas, como exportações, importações, produto interno bruto (PIB), população e abertura econômica. A figura abaixo idealiza o ambiente competitivo brasileiro.

Ambiente Competitivo Brasileiro

O modelo de análise logística deste estudo é o que vai abaixo:

Variável Independente Y:

0= Não investiria no Brasil hoje
1=Investiria no Brasil hoje

Percepção dos Investidores Estrangeiros:

Cada variável foi medida em uma escala gráfica, na qual uma linha de 10 centímetros foi desenhada entre os pontos extremos chamados de "Ruim" e "Excelente".

Ruim **Excelente**

Os respondentes indicariam suas percepções do ambiente competitivo no Brasil em 2016 fazendo uma marca em qualquer ponto da linha para cada variável que defina umas das vertentes do ambiente competitivo brasileiro. A marca era então medida e a distância a partir de 0 (em centímetros) era anotado. O resultado foi uma escala de 0 a 10, arredondada para uma casa decimal. No final da entrevista, diria se investiria ou não em 2016 no Brasil. Os cinco atributos avaliados pelos investidores diretos em potencial no Brasil, em 2016, são os seguintes:

Variáveis Independentes (avaliação de investidores estrangeiros, numa escala de 0 a 10, sobre como anda o ambiente competitivo brasileiro):

X_1-*Ambiente Político e Regulatório*
X_2-*Ambiente Econômico*
X_3-*Ambiente Competitivo*
X_4-Ambiente Tecnológico
X_5-Ambiente Sociocultural

A base de dados envolveu uma amostra aleatória de 110 potenciais investidores direitos estrangeiros.

Base Investidor Brasileiro Colocar Dinheiro no Brasil

X_1	X_2	X_3	X_4	X_5	Y
2.7	3.0	2.9	2.8	2.9	0
3.2	2.8	3.1	3.4	3.0	1
2.9	2.8	2.9	3.2	3.0	0
7.2	7.2	7.0	6.8	7.0	1
7.0	7.1	6.9	6.9	7.1	1
6.9	7.2	6.9	7.0	6.9	1
3.1	3.1	2.8	3.0	3.1	0
7.1	7.0	6.7	6.7	7.1	1
2.8	2.9	3.4	3.0	3.5	0
2.8	2.9	3.2	2.8	2.7	0
2.9	2.7	2.9	2.9	3.0	0
2.9	3.0	2.8	3.0	2.9	0
7.3	7.1	7.0	6.9	7.3	1
6.9	7.1	6.8	7.1	6.7	1
2.7	2.8	2.7	3.0	2.8	0
7.3	7.1	7.0	6.9	7.0	1
3.2	3.2	2.7	2.7	2.8	0

3.0	3.2	2.8	3.1	2.8	0
7.1	7.5	6.9	6.6	6.9	1
7.1	7.2	7.2	7.1	7.0	1
2.7	2.8	3.0	2.8	3.2	0
8.3	7.7	8.1	7.8	8.1	1
6.7	7.3	6.9	7.1	6.8	0
3.2	2.9	3.3	3.1	3.1	0
6.7	7.1	6.8	7.2	7.1	1
7.9	7.7	8.0	7.9	7.9	0
7.0	6.9	7.0	7.0	7.0	1
3.1	3.4	2.7	2.7	3.0	0
7.0	7.0	7.1	7.1	7.1	1
2.8	3.1	3.1	3.2	2.9	0
7.2	6.9	6.9	7.1	6.9	1
3.6	3.0	3.0	3.0	3.1	0
7.0	7.4	7.0	6.8	7.3	1
3.1	2.6	3.1	2.9	3.3	0
6.8	7.0	6.8	6.7	7.2	1
2.6	3.0	3.2	3.1	3.0	0
3.4	3.0	3.0	3.1	2.8	0
3.2	2.8	3.2	3.1	3.2	0
3.2	3.1	2.9	2.8	3.1	0
3.0	3.1	3.2	3.3	2.8	0
6.5	7.0	6.8	7.4	7.2	1
6.8	6.8	6.7	7.0	6.9	1
7.8	7.8	8.2	7.6	7.7	1
7.3	7.1	6.5	7.1	7.1	1
2.8	3.1	3.0	3.0	3.2	0
7.0	7.0	7.1	7.2	6.7	1
3.3	3.0	2.9	3.2	3.2	0
7.1	6.8	6.9	7.2	6.7	1
3.3	2.6	3.0	3.0	3.1	0
2.9	3.1	3.1	3.2	3.2	0
2.8	3.2	3.1	2.8	3.0	0
3.3	3.1	2.7	3.1	3.2	0
3.4	2.9	2.8	3.2	3.2	0
3.0	2.8	3.1	3.0	3.2	0
3.2	3.1	3.2	3.0	2.9	0
2.9	3.2	2.8	2.9	2.8	0
3.1	3.1	3.0	3.1	2.9	0
3.4	2.9	3.0	2.8	3.1	0
3.0	2.7	2.7	3.1	3.0	0

7.0	7.1	7.3	6.8	7.2	1
6.9	7.0	6.7	6.9	6.9	1
2.6	2.9	2.9	2.8	2.9	0
7.1	6.8	6.9	7.0	6.9	1
3.1	3.1	2.9	2.9	2.9	0
7.7	7.8	7.8	7.6	8.1	1
2.9	3.1	2.9	3.0	2.7	0
3.0	3.0	2.6	3.2	2.9	0
6.9	7.0	7.1	7.3	6.6	1
3.0	3.1	3.1	3.0	3.3	0
3.5	2.9	2.9	3.2	2.8	0
6.6	6.9	6.7	6.8	7.3	1
3.0	3.1	3.1	2.9	2.9	0
7.2	6.8	7.1	7.0	7.2	1
3.2	2.9	3.1	3.0	2.9	0
7.1	7.1	7.0	6.7	7.1	1
6.9	7.2	7.2	6.9	6.8	1
2.9	3.3	3.0	3.1	3.1	0
7.1	6.9	7.0	7.0	6.8	1
3.0	2.8	3.0	3.0	3.2	0
3.0	2.7	2.7	3.1	3.2	0
8.1	8.2	8.1	7.8	8.3	1
2.9	3.0	3.1	3.0	3.0	0
7.2	6.8	7.0	6.8	6.8	1
8.2	8.1	7.9	7.8	7.9	1
2.9	3.1	3.2	3.3	3.1	0
3.0	3.0	3.2	3.2	3.1	0
7.2	6.8	6.9	7.0	6.9	1
7.0	7.2	7.4	6.7	7.5	1
3.1	2.9	3.3	2.8	3.0	0
3.0	2.6	3.2	2.9	3.1	0
2.9	2.7	2.9	3.0	3.1	0
3.2	2.9	2.9	2.9	3.0	0
3.1	2.9	3.0	2.8	3.2	0
3.2	3.1	2.9	3.4	3.0	0
7.7	7.6	7.9	8.1	8.1	1
3.1	2.9	3.2	3.0	2.9	0
3.1	2.8	3.2	3.0	2.9	0
3.0	3.0	3.0	3.3	3.3	0
6.8	7.1	6.8	7.0	6.8	1
3.2	3.1	2.9	2.9	2.8	0

Solução:

Tabela 1
Análise das *Deviances*
Modelo 1

Model Summary

Step	-2 Log likelihood	Cox & Snell R Square	Nagelkerke R Square
1	35.082[a]	.644	.869

a. Estimation terminated at iteration number 6 because parameter estimates changed by less than .001.

Modelo 2

Model Summary

Step	-2 Log likelihood	Cox & Snell R Square	Nagelkerke R Square
1	35.059[a]	.645	.869

a. Estimation terminated at iteration number 6 because parameter estimates changed by less than .001.

Modelo 3

Model Summary

Step	-2 Log likelihood	Cox & Snell R Square	Nagelkerke R Square
1	34.525[a]	.646	.871

a. Estimation terminated at iteration number 7 because parameter estimates changed by less than .001.

Modelo 4

Model Summary

Step	-2 Log likelihood	Cox & Snell R Square	Nagelkerke R Square
1	34.387[a]	.647	.872

a. Estimation terminated at iteration number 7 because parameter estimates changed by less than .001.

Modelo 5

Model Summary

Step	-2 Log likelihood	Cox & Snell R Square	Nagelkerke R Square
1	34.355[a]	.647	.872

a. Estimation terminated at iteration number 7 because parameter estimates changed by less than .001.

As *deviances* têm comportamentos decrescentes até cair a 34,355. O modelo 5 com todas as variáveis de ambiente competitivo brasileiro foram incluídas no melhor modelo de regressão.

Tabela 2
Coeficientes do Modelo, Odds Ratio e Classificação das Variáveis

Variáveis Independentes	Descrição das Variáveis	Coeficientes de Regressão	Odds Ratio	Tipo de Fator
X_1	*Ambiente Político e Regulatório*	2.549	12.800	**Fator de Proteção**
X_2	*Ambiente Econômico*	0.351	1.421	**Fator de Proteção**
X_3	*Ambiente Competitivo*	-1.705	.182	**Fator de Risco**
X_4	*Ambiente Tecnológico*	0.862	2.367	**Fator de Proteção**
X_5	*Ambiente Social e Cultural*	-0.411	0.663	**Fator de Risco**
Constante	-	-8.630	-	-

Observada a tabela 2, vê-se que o ambiente competitivo e o ambiente socio-cultural do Brasil em 2016 são fatores de risco para investidores estrangeiros colocarem dinheiro no Brasil. Contudo, por sua avaliação dos mesmos, os ambientes políticos/regulatórios, econômico e tecnológico são fatores de proteção. Isso significa que os investidores ainda confiam nas instituições políticas e econômicas do Brasil, mesmo na atual conjutura nesta época. Por exemplo, há uma chance de 1,421 de se investir no Brasil, diante da avaliação do referente ambiente econômico, do que não investir no Brasil.

Um investidor que dê nota $X_1=5$, $X_2=7$, $X_3=5$, $X_4=5$ e $X_5=5$, pelo cálculo na planilha excel, tem a probabilidade de **57%** de colocar dinheiro no Brasil.

Variáveis	Coeficientes	Valores Assumidos	Expoente do neperiano (exp)	$e^{exp}+1$	logit
X_1	2.549	5	*-0.302*	1.739338065	**0.57**
X_2	0.351	7			
X_3	-1.705	5			
X_4	0.862	5			
X_5	-0.411	5			
Constante	-8.63				

Aplicação 9:

A inveja corporativa, expressão escolhida para definir este tipo de comportamento social, inspira-se na inveja que todos nós conhecemos. A "Inveja ou invídia é um sentimento de tristeza perante o que o outro tem e a própria pessoa não tem. Este sentimento gera o desejo de ter exatamente o que a outra pessoa tem (pode ser tanto coisas materiais como qualidades inerentes ao ser). A inveja é originária desde tempos antigos, escritos em textos, que foi acentuado no capitalismo e no *darwinismo* social, na autopreservação e autoafirmação".

A inveja pode ser definida como uma vontade frustrada de possuir os atributos ou qualidades de outro ser, pois aquele que deseja tais virtudes é incapaz de alcançá-la, seja pela incompetência e limitação física ou intelectual. Mas o que isso tem a ver com o trabalhismo? Bem, as empresas perdem talentos plenos porque avaliam somente um lado do que seria bom para a corporação, esquecendo-se de se ater também a certos comportamentos psicológicos importantes para o bom clima organizacional, como indícios de que o candidato é invejoso.

O sentimento de inveja no meio corporativo se materializa exatamente na forma da definição antes transcrita e quando avaliamos as questões da aptidão e da competência, esquecemos de focar em detectar sintomas de inveja do avaliado. Temos pessoas não tão competentes, mas que se relacionam bem, são boas no trato social e podem ser bem mais produtiva para a empresa do que uma pessoa super competente tecnicamente, mas que infelizmente nutre traços crônicos de sentimento de inveja dos colegas. Esta pessoa contratada pode trazer muito mais mal à organização do que a pessoa não tão bem avaliada, mas sem ter incontidos nela sentimentos negativos.

Bom, deu para perceber que o invejoso sempre existirá no ambiente corporativo e a inveja é destrutiva mesmo, além de possuir um poder de contaminar todo o ambiente de trabalho. **Mas como fugir dela então?** Na verdade, é necessário entender o sentimento de inveja na corporação para depois poder administrá-la ou combatê-la e minimizá-la. Se pudermos numa pesquisa 360º identificar colegas invejosos, tomadas de decisões pertinentes podem ser viabilizadas e o mal minimizado naquele meio corporativo.

Este estudo pretende contribuir neste intento. **Objetivo do estudo**: criar um modelo matemático que identifique a probabilidade de um colega de trabalho ser invejoso. **Coleta de dados: Pesquisa 360º**: 10 funcionários de uma empresa darão uma nota 0 a 10 para outros 20 colegas da mesma empresa quanto ao grau presente de cada um dos 7 sintomas do invejoso considerados abaixo:

Variáveis Independentes (sintomas do invejoso)

X_1 - Contato assíduo
O invejoso não deixa a pessoa se separar dele. Ele tem que mandar e-mail, telefonar, entrar nas redes sociais. No caso da internet, você pode postar os seus perfis e até iniciar o comportamento de inveja nas outras pessoas, mas elas talvez não consigam atingir você se não forem do seu grupo. Para atingir você, a pessoa precisa ser seu amigo ou amiga.

X_2 - Comparações
O invejoso se compara muito a você. Se você comprou uma blusa azul, um carro vermelho ou uma canetinha branca, não importa o valor do objeto, o invejoso adquire um igual. Na cabeça dele, o objeto dele vai ser melhor do que o seu: 'O fulano comprou ontem, eu comprei agora e o meu é melhor'.

X_3 - Falsidade
A dissimulação, a falsidade e a maldade são características do invejoso. Ele mente, aumenta e inventa, porque faz parte do plano dele. Não tem como você ser invejoso sem ser falso e dissimulado.

X_4 - Fofoca
O invejoso é um exímio fofoqueiro. Não é fofoca de revistas e celebridades. São fofocas planejadas e intencionais.

X_5 - Fala mansa
O invejoso fala muito no diminutivo, com a voz fina. Preste atenção nas alterações de voz ou no olhar. Ele se revela pelo olhar. Quando você adquire alguma coisa, ele vai alterar a voz em um tom agudo, dizendo: Que felicidade!'. Mas ele estará mentindo. Pode também direcionar um olhar para o lado externo do seu corpo. Isso ele não controla, porque é uma reposta orgânica. E é mais fácil uma pessoa que está de fora perceber o olhar do invejoso do que você. Um familiar ou outro amigo reconhece melhor.

X_6 - Até a cor da pele
Em casos de inveja patológica, quando o grau de inveja é muito alto, o invejoso exibe uma cor amarelada na pele. Isso está descrito em Hipócrates, o pai da medicina, que é por causa da bílis. Esse sentimento é tão negativo que, como o corpo dele está todo movido pela inveja, tem uma ligação direta do cérebro com o fígado. O fígado começa a produzir mais bílis, que entra na corrente sanguínea, alterando a pigmentação de pele da pessoa, fazendo com que

ela tenha um tom de pele mais amarelado. Mas também não é para olhar uma pessoa com tom de pele amarelo, em pleno inverno, e achar que ela é invejosa. Tem que analisar.

X_7-Alvo fixo

Para ele canalizar, no sentido de destruição, só consegue fazer uma vítima por vez. Ele não vai conseguir monitorar a grama de dois ou três vizinhos ao mesmo tempo.

Com base na intensidade dos sintomas cada colega será classificado como Y = 1-Invejoso e 0- Não invejoso e esta será a variável desfecho do nosso estudo. Os resultados da Pesquisa 360º está descrita na base de dados abaixo. Obtenha o modelo matemático que um gestor ou um profissional corporativo possa identificar um colaborador invejoso.

Base Sintomas de uma Pessoa Invejosa

X_1	X_2	X_3	X_4	X_5	X_6	X_7	Y
4	4	5	5	6	5	5	0
5	5	4	5	5	5	5	0
5	5	4	5	6	5	6	0
10	10	10	10	10	10	10	1
10	9	8	9	9	10	9	1
10	10	10	9	10	10	10	1
10	10	10	10	9	9	10	1
10	10	10	11	10	10	9	1
10	10	10	10	9	10	10	1
10	10	10	10	10	10	10	1
11	10	10	10	9	10	10	1
4	5	6	5	5	5	5	0
5	5	5	5	5	5	5	0
10	10	10	9	9	10	10	1
5	5	6	4	5	4	5	0
6	5	6	6	5	4	5	0
5	3	4	4	5	5	4	0
10	10	10	10	10	10	10	1
4	6	5	5	6	5	4	0
5	4	5	5	5	5	5	0
9	9	10	10	10	10	10	1
5	5	5	5	6	6	6	0
10	10	9	10	10	9	10	1
5	5	5	4	5	5	5	0
5	5	5	5	5	6	5	0
5	6	4	5	4	5	5	0
5	6	5	4	5	5	4	0
5	4	5	4	5	5	5	0

10	10	10	10	10	10	10	1
10	10	10	9	10	10	9	1
5	4	5	4	5	6	5	0
5	5	5	4	5	5	5	0
10	10	10	10	10	9	9	1
10	9	10	9	9	10	10	1
5	6	6	5	4	5	5	0
5	5	5	5	4	5	5	0
10	10	10	8	10	10	9	1
10	10	10	10	10	11	9	1
6	5	5	5	5	5	5	0
10	10	8	10	10	10	10	1
10	10	10	10	10	9	10	1
10	10	10	10	9	9	10	1
10	10	9	10	9	10	10	1
10	10	10	9	10	10	10	1
5	4	6	5	6	5	5	0
5	5	5	5	5	6	5	0
5	5	4	5	5	5	6	0
4	5	4	5	5	6	5	0
5	5	5	5	4	5	5	0
5	6	5	5	5	5	4	0
10	9	10	9	9	10	10	1
5	5	5	5	6	4	5	0
5	5	5	5	5	5	5	0
5	5	5	5	5	5	5	0
4	6	5	6	6	4	5	0
10	9	10	9	10	10	10	1
5	5	5	6	5	5	4	0
5	6	5	5	4	5	6	0
10	9	10	10	10	11	9	1
6	5	5	5	4	5	5	0
10	10	10	9	10	9	10	1
5	5	5	5	5	4	5	0
5	4	5	5	4	5	5	0
9	10	10	9	9	10	10	1
5	5	5	5	5	6	5	0
10	10	9	10	9	10	10	1
9	10	10	10	9	10	9	1
5	5	5	5	5	6	5	0
10	9	10	9	10	10	10	1
10	10	8	9	10	10	10	1

10	10	10	10	10	10	10	1
5	6	5	5	6	4	5	0
10	9	9	10	9	10	9	1
10	10	10	9	8	9	9	1
10	10	10	10	9	9	10	1
5	4	5	5	6	4	5	0
6	5	5	5	4	6	4	0
6	4	5	5	5	4	5	0
10	10	8	10	9	10	10	1
10	10	8	10	10	10	10	1
5	5	5	5	5	6	5	0
9	10	10	10	10	10	10	1
10	10	10	10	10	10	10	1
10	9	9	10	9	10	10	1
5	5	5	5	5	5	5	0
5	5	4	5	4	6	5	0
4	5	5	5	5	5	5	0
5	6	5	5	5	6	5	0
10	11	10	10	10	10	9	1
6	5	4	6	5	5	5	0
10	10	10	10	10	10	10	1
5	5	5	4	5	5	6	0
10	10	10	9	10	10	10	1
10	10	9	10	9	10	10	1
4	4	5	5	5	5	5	0
4	5	4	5	5	4	5	0
10	10	10	9	10	10	10	1
10	10	10	10	9	10	10	1
5	5	6	5	5	6	5	0
9	10	10	9	10	10	10	1
6	6	5	5	5	5	6	0
10	9	10	8	9	10	9	1
9	10	10	10	10	11	9	1
10	10	10	10	9	11	10	1
10	10	9	10	10	9	10	1
10	10	10	10	10	9	10	1
5	5	5	5	6	6	4	0
10	10	10	9	10	9	10	1
10	9	10	10	10	10	10	1
10	10	10	9	9	10	9	1
4	5	5	5	5	4	6	0
10	10	9	10	10	10	10	1

10	10	10	9	10	10	10	1
5	5	5	5	4	5	5	0
5	5	6	5	5	5	5	0
5	5	5	5	5	5	5	0
5	6	5	5	5	5	5	0
10	10	10	10	10	10	10	1
6	4	4	5	6	5	5	0
10	10	10	10	9	11	10	1
6	5	5	6	5	6	5	0
9	9	10	10	10	9	10	1
10	10	9	10	10	10	10	1
5	5	3	5	5	5	5	0
5	5	6	4	4	5	4	0
10	10	9	10	9	10	10	1
5	4	5	6	5	5	5	0
5	5	5	5	5	5	4	0
6	5	5	5	5	5	5	0
5	5	6	5	5	5	5	0
9	10	9	10	10	10	10	1
5	5	5	5	5	4	5	0
10	10	10	10	8	10	10	1
10	10	10	10	10	9	9	1
5	5	4	5	5	4	4	0
11	10	10	9	9	9	9	1
10	10	10	10	10	10	10	1
5	4	5	5	6	6	5	0
10	8	10	9	10	10	10	1
5	5	5	4	4	5	6	0
5	5	5	5	5	5	5	0
10	10	10	9	9	10	10	1
10	10	10	10	10	11	10	1
9	10	10	10	10	10	10	1
9	10	10	10	10	10	9	1
10	9	10	10	9	9	10	1
5	5	5	5	6	5	5	0
10	9	10	10	10	10	10	1
6	5	5	5	6	4	6	0
5	5	5	4	4	5	5	0
10	10	10	10	10	10	9	1
9	10	9	10	10	10	8	1
5	5	4	4	5	5	4	0
6	5	6	5	5	4	5	0

10	10	10	10	10	10	10	1
10	10	10	8	10	9	10	1
10	10	9	9	10	10	9	1
5	4	5	4	5	4	6	0
5	5	5	5	5	5	5	0
5	6	5	5	5	5	5	0
5	4	5	4	5	6	5	0
6	5	4	6	5	6	5	0
6	5	5	6	4	5	6	0
10	10	10	9	10	10	9	1
5	5	5	5	5	6	6	0
5	4	6	6	4	5	4	0
5	6	6	5	5	5	4	0
10	10	10	10	10	10	10	1
5	4	5	4	6	4	5	0
10	10	10	9	10	10	10	1
10	10	10	10	10	10	10	1
10	10	9	10	9	10	10	1
10	10	9	10	10	10	10	1
4	5	5	5	5	5	5	0
5	5	5	5	5	4	5	0
10	10	10	9	10	10	9	1
10	10	10	9	10	10	10	1
5	5	6	5	6	5	4	0
5	5	4	5	5	5	5	0
10	10	10	9	10	10	10	1
10	10	9	9	8	10	11	1
10	10	10	10	9	10	9	1
5	4	5	4	5	4	5	0
10	9	10	10	10	10	10	1
5	5	6	5	5	4	4	0
10	8	9	10	10	10	10	1
6	5	5	5	5	5	5	0
10	10	10	10	9	10	9	1
5	6	5	5	5	5	6	0
10	10	10	10	9	9	9	1
4	5	5	6	5	5	5	0
10	10	10	10	10	10	10	1
10	10	9	9	9	10	9	1
5	6	5	4	4	5	5	0
5	5	5	4	5	6	5	0
10	10	9	10	9	10	10	1

10	10	10	8	9	10	10	1
9	10	10	10	10	10	9	1
6	5	5	5	6	5	5	0
6	5	5	6	5	4	5	0

Solução:

Tabela 1
Análise das *Deviances e Resultados do Modelo 7*

Model Summary

Step	-2 Log likelihood	Cox & Snell R Square	Nagelkerke R Square
1	.000[a]	.750	1.000

a. Estimation terminated at iteration number 20 because maximum iterations has been reached. Final solution cannot be found.

Variables in the Equation

		B	S.E.	Wald	df	Sig.	Exp(B)
Step 1[a]	X1	2.206	4774.412	.000	1	1.000	9.079
	X2	1.372	4810.096	.000	1	1.000	3.942
	X3	1.327	3845.100	.000	1	1.000	3.772
	X4	.716	4825.612	.000	1	1.000	2.047
	X5	1.282	4478.069	.000	1	1.000	3.604
	X6	1.773	4217.108	.000	1	1.000	5.888
	X7	.754	4581.421	.000	1	1.000	2.126
	Constant	-69.870	9549.788	.000	1	.994	.000

a. Variable(s) entered on step 1: X7.

As *deviances* foram nulas para todos os modelos, o que evidencia um ajuste muito bom, com probabilidade de acertos altos. O modelo adotado é o modelo 7 com todos os sintomas do invejoso incluídos. Como era de se esperar, todas as variáveis são fatores de risco para ser invejoso.

Tabela 2
Coeficientes do Modelo

Variáveis	Coeficientes do Modelo
X_1	2.206
X_2	1.372
X_3	1.327
X_4	0.716
X_5	1.282
X_6	1.773
X_7	0.754
Constante	-69.870

O modelo *logit* para um gestor ou um colega de trabalho calcular a probabilidade de um colaborador de uma organização ser invejoso é:

$$P(Y=1)=\frac{1}{-(-69{,}870+2{,}206X_1+1{,}372X_2+1{,}327X_3+0{,}716X_4+1{,}282X_5+1{,}773X_6+0{,}754X_7)1+e}$$

Um colaborador que tenha tido por um colega de trabalho as notas X_1=9, X_2=5, X_3= 9, X_4=6, X =10, X_6=4 e X_7 = 9, tem probabilidade de ser considerado invejoso, conforme cálculo efetuado na planilha Excel, com os dados do modelo 7, a medida abaixo:

Variáveis	Coeficientes	Valores Assumidos	Expoente do neperiano (exp)	$e^{exp}+1$	logit
X_1	2.205976833	9	*0.213287143*	2.237740009	**0.446879**
X_2	1.371694384	5			
X_3	1.327474292	9			
X_4	0.716137238	6			
X_5	1.282070098	10			
X_6	1.772968555	4			
X_7	0.754148667	9			
Constante	-69.86955581				

A probabilidade de um funcionário ser considerado invejoso na visão do outro colega é de 44,69%.

Aplicação 10:

Podemos associar o termo "equilíbrio" a condições favoráveis. *Equilíbrio Ambiental* é o estado de um ecossistema em que uma relação de dependência e ajuste é mais ou menos constante.

O homem e o seu meio exigem sintonizadamente um equilíbrio. Quando há qualquer interferência externa, como a ação humana, pode-se criar uma situação momentânea de desequilíbrio,como a poluição por detritos orgâ nicos e inorgânicos,que provocam mudanças (químicas, físicas e biológicas) no ambiente. O desequilíbrio acontece pela alteração na quantidade desses elementos na natureza.

O desequilíbrio pode ser causado também pela diminuição da quantidade de matéria e energia do sistema, com uma queimada, por exemplo. Nesse caso, enquanto houver combustível e condições atmosféricas favoráveis haverá combustão. Cessado o fogo, terá sido alcançado um novo estado de equilíbrio, com os sobreviventes. Se houver sementes e outros propágulos suficientes, as espécies irão se regenerar, gerando um novo estado de equilíbrio. Se houver reincidência do fogo, o processo tornará a ocorrer. As perturbações constantes poderão levar à extinção de algumas ou todas as espécies, porém sempre serão alcançados novos níveis de equilíbrio.

Um estado de desequilíbrio poderá durar tanto tempo quanto durar a interferência, estando à interferência cessada, é alcançado um novo estado de equilíbrio.

A pesquisa descrita a seguir analisa 30 ecossistemas espalhados por todo o Brasil e avalia num dado momento como Y= 1- Sim, o sistema está em ***desequilíbrio*** e 0-Não, o sistema está em ***equilíbrio***; em função das variáveis descritas abaixo:

X_1= Poluição por detritos orgânicos (1-Sim e 0-Não)
X_2= Poluição por detritos inorgânicos (1-Sim e 0-Não)
X_3= Diminuição da quantidade de matéria e energia do sistema, com uma queimada (1-Sim e 0-Não)

Determine um modelo de probabilidae que possa definir objetivamente uma medida numérica relativa que expresse a chance de um sistema estar em desequilíbrio em dado momento.

Os resultados coletados estão descritos na base de dados abaixo:

Base Equilíbrio Ambiental

X_1	X_2	X_3	Y
0	0	0	0
1	0	1	1
1	1	1	1
1	1	1	1
1	1	1	0
0	1	1	1
1	1	1	1
1	1	1	0
1	1	1	1
0	0	0	1
0	1	0	0
1	1	1	1
1	0	1	1
0	0	0	0
0	1	1	1
0	0	0	0
1	1	0	1
0	0	1	0
0	0	0	0
1	0	1	0
1	1	1	1
1	1	1	1
1	1	1	1
0	0	0	0

1	1	1	1
1	1	1	1
1	1	1	1
1	1	1	1
0	0	1	0
1	1	1	1

Solução:

Tabela 1
Análise das *Deviances e Resultados do Modelo 7*
Modelo 1

Model Summary

Step	-2 Log likelihood	Cox & Snell R Square	Nagelkerke R Square
1	29.465[a]	.283	.386

a. Estimation terminated at iteration number 4 because parameter estimates changed by less than .001.

Modelo 2

Model Summary

Step	-2 Log likelihood	Cox & Snell R Square	Nagelkerke R Square
1	26.147[a]	.358	.489

a. Estimation terminated at iteration number 5 because parameter estimates changed by less than .001.

Modelo 3

Model Summary

Step	-2 Log likelihood	Cox & Snell R Square	Nagelkerke R Square
1	25.785[a]	.365	.500

a. Estimation terminated at iteration number 5 because parameter estimates changed by less than .001.

Variables in the Equation

		B	S.E.	Wald	df	Sig.	Exp(B)
Step 1[a]	X1	1.509	1.194	1.596	1	.206	4.521
	X2	1.787	1.052	2.885	1	.089	5.973
	X3	.805	1.317	.374	1	.541	2.237
	Constant	-1.950	1.052	3.434	1	.064	.142

a. Variable(s) entered on step 1: X3.

As *deviances* decrescem à medida que cada variável explicativa do desequlíbrio de ecossitemas é acrescentada ao modelo. O modelo adotado é o modelo 3 com todos os fatores de desequilíbrio de sistemas ambientais incluídos. Como era de se esperar, todas as variáveis são fatores de risco para desequilíbrio de ecossistemas.

Tabela 2
Coeficientes do Modelo 3

Variáveis	Coeficientes do Modelo
X_1	1.509
X_2	1.787
X_3	.805
Constante	-1.950

O modelo *logit* para calcular a probabilidade de um ecossistema estar em desequilíbrio num dado momento é:

$$P(Y=1)=\frac{1}{-(-1,950+1,509X_1+1,787X_2+0,805X_3)1+e}$$

Um ecossistema que tenha as seguintes análises de desequilíbrio ambiental: $X_1=1$, $X_2=1$, $X_3=0$, tem probabilidade de ser considerado em desequilíbrio em dado momento, conforme cálculo efetuado na planilha Excel, com os dados do modelo 3, a medida abaixo:

Variáveis	Coeficientes	Valores Assumidos	Expoente do neperiano (exp)	$e^{exp}+1$	logit
X_1	1.508744455	1	*-1.345808188*	1.260329228	**0.793443**
X_2	1.787246302	1			
X_3	0.805322255	0			
Constante	-1.950182569				

A probabilidade desse ecossistema ser considerado em desequilíbrio em dado momento é de **79%**.

Referências Bibliográficas

1. ***Agresti**, Alan. Categorical Data Analysis New York: Wiley-Interscience, 2002.*
2. ***Amemiya**, T. Advanced Econometrics Harvard University Press, 1985.*
3. ***Balakrishnan**, N. Handbook of the Logistic Distribution Marcel Dekker, Inc,1991.*
4. **Bagdonavicius,** V., Kruopis, J., **Nikulin**, M.S."Nonparametric tests for complete data",ISTE&WILEY: London&Hoboken, 2011.
5. **Conover**, W. J. Practical Nonparametric Statistics, 3rd ed. Wiley, 1999.
6. **Corder**, G.W. & **Foreman**, D.I. *Nonparametric Statistics for Non-Statisticians: A Step-by-Step Approach*, Wiley, 2009.
7. **Costa**, Giovani Glaucio O. *Curso de Estatística Básica: Teoria e Prática*. São Paulo, Editora Atlas, 2011.
8. **Costa**, Giovani Glaucio O. *Curso de Estatística Inferencial e Probabilidades: Teoria e Prática*. São Paulo, Editora Atlas, 2012.
9. **Costa**, Giovani Glaucio O. *Estatística Aplicada à Informática e às suas Novas Tecnologias. Volume 1*. Rio de Janeiro, Editora Ciência Moderna, 2014.
10. **Costa**, Giovani Glaucio O. *Estatística Aplicada à Informática e às suas Novas Tecnologias. Volume 2*. Rio de Janeiro, Editora Ciência Moderna, 2015.
11. **Costa**, Giovani Glaucio O. *Estatística Aplicada à Educação com Abordagem Além da Análise Descritiva. Volume 1*. Rio de Janeiro, Editora Ciência Moderna, 2015.
12. **Costa**, Giovani Glaucio O. *Estatística Aplicada à Educação com Abordagem Além da Análise Descritiva. Volume 2*. São Paulo, Editora Ciência Moderna, 2015.
13. **Daniel**, W. W. Applied Nonparametric Statistics, 2nd ed. PWS-Kent, 1990.
14. **DeGroot**, Morris H. Probability and Statistics.2ed Massachusetts Addison-Wesley, 1986.
15. **FLEISS**,Joseph L. *Statistical Methods for Rates and Proportions.* New York: John Wiley, p 212-236, 1981.
16. **Gibbons**, Jean Dickinson and **Chakraborti,** Subhabrata.*Nonparametric Statistical Inference*, 4th Ed. CRC, 2003.
17. **Graça Martins**, M. E.– Introdução à Probabilidade e à Estatística – Com complementos de Excel, SPE, 2005.
18. ***Green**, William H.Econometric Analysis, fifth edition Prentice Hall, 2003.*
19. ***Hettmansperger**, T. P.; **McKean**, J. W. Robust Nonparametric Statistical Methods. Kendall's Library of Statistics **5** First ed. (London: Edward Arnold). pp. xiv+467 pp,1998.*
20. **Hosmer**, David W.; **Stanley**, Lemeshow. Applied Logistic Regression, 2nd ed. New York; Chichester, Wiley, 2002.
21. **Maroco,** J. *Análise Estatística com utilização do SPSS*,Lisboa, Sílabo, 3ª edição: 648-667, 2007.
22. **Martins**, Carla. *Manual de Análise de Dados Quantitativos com Recurso ao IBM SPSS*. Lisboa, Editora Sílabo, 2011.
23. **Oliveira**, Francisco Estevam Martins. *SPSS: Básico para Análise de Dados*. Rio de Janeiro, Editora Ciência Moderna, 2007.
24. **Pereira**, Alexandre. *SPSS: Guia Prático de Utilização-Análise de Dados Para Ciências Sociais e Psicologia*. Lisboa, Edições Sílabo, 2004.
25. **Pestana e Velosa** - Introdução à Probabilidade e à Estatística. Fundação Gulbenkian,2ª Ed,2006.
26. **Ribas**, José Roberto; **Vieira**, Paulo Roberto da Costa. *Análise Multivariada com Uso do SPSS*. Rio de Janeiro, Editora Ciência Moderna, 2011.
27. **SIEGEL**, S. and Castellan, N. Y. Nonparametric Statistics for the Behavioral Sciences. McGraw-Hill,1988.

Impressão e acabamento
Gráfica da Editora Ciência Moderna Ltda.
Tel: (21) 2201 - 6662